中山大学实验教材建设专项资助

材料与工程力学实验指导书

CAILIAO YU GONGCHENG LIXUE
SHIYAN ZHIDAOSHU

黄建亮　陈　海　穆翠玲　编著

·广州·

版权所有　翻印必究

图书在版编目（CIP）数据

材料与工程力学实验指导书/黄建亮，陈海，穆翠玲编著. —广州：中山大学出版社，2016.5

ISBN 978－7－306－05678－8

Ⅰ.①材…　Ⅱ.①黄…②陈…③穆…　Ⅲ.①材料力学—实验　Ⅳ.①TB301－33

中国版本图书馆 CIP 数据核字（2016）第 088932 号

出 版 人：王天琪

策划编辑：廖泽恩
责任编辑：廖泽恩
封面设计：曾　斌
责任校对：王　润
责任技编：何雅涛
出版发行：中山大学出版社
电　　话：编辑部 020－84111996，84113349，84111997，84110779
　　　　　发行部 020－84111998，84111981，84111160
地　　址：广州市新港西路 135 号
邮　　编：510275　　传真：020－84036565
网　　址：http：//www.zsup.com.cn　E-mail：zdcbs@mail.sysu.edu.cn
印 刷 者：广东虎彩云印刷有限公司
规　　格：787mm×1092mm　1/16　12.75 印张　250 千字
版次印次：2016 年 5 月第 1 版　2023 年 8 月第 2 次印刷
定　　价：38.00 元

如发现本书因印装质量影响阅读，请与出版社发行部联系调换

前　言

　　为满足材料与工程力学实验课单独设课的需求，我们于 2003 年编写了教学资料。多年来的教学实践证明，其内容基本上达到了实验教学的要求。按照教育部提出的加强培养学生科学实验能力的要求，我们进行了材料力学实验的教学改革，在原先教学资料的基础上扩充增加了部分内容，编写成本教材。

　　本教材共有六章。第一章为绪论，介绍材料与结构力学实验的任务和地位以及今后发展的方向。第二章介绍了当前较先进的试验仪器设备及力学性能测定，并应用到实验中去，如计算机控制的万能试验机和扭转试验机等新型试验机，以及百分表和引伸计等测量工具。第三章为材料力学性能测试基础实验课，安排了 8 个基础实验。第四章介绍电测实验的原理与应变片粘贴和测试桥路的综合实验。第五章为电测应力应变实验，包含了 10 个基本实验。第六章为工程结构力学的一些设计综合类实验，开设多项自行设计的具有本课程特色的实验项目，如非对称弯曲，剪切中心测定，开口、闭口薄壁杆件，连梁筒体扭转和复合材料拉伸等 7 个实验。

　　工程材料品种繁多，新的材料又在不断出现，其力学性能的测试内容和方法也不全相同。因此，本教材突出重点，论述在工程上广泛应用的材料力学试验方法、规定及有关结果，着重增加了第四章、第五章关于电测法的实验原理和实验内容，增强学生对工程中应变应力测量的理解，培养学生对工程结构应变应力测量和实验分析计算的实践能力。

中山大学实验教学研究、改革项目基金对本教材的出版给予资助，在此表示衷心感谢。在编写过程中，我们除了参考所列出的文献外，还参考了相关的试验机、测试仪器设备的说明书。限于编者水平和时间仓促，书中难免有错漏之处，敬请指正。

编著者
2016 年 1 月于中山大学

第六章　工程设计综合类实验 154
第一节　规定非比例伸长应力测定 154
第二节　矩形截面梁扭转应力测试 159
第三节　槽钢、角钢剪切中心测定 162
第四节　Z 钢、角钢非对称弯曲变形测定 163
第五节　箱形刚架的变形和内力测定 165
第六节　半圆拱试验 166
第七节　复合材料拉伸实验 168

附录一　金属材料拉伸现象的细微观解释 176
附录二　误差及其表示方法 181
附录三　分析和数据的处理 186
附录四　实验曲线拟合方法 190

参考文献 196

第一章 绪 论

第一节 材料与工程力学试验的意义与内容

实验是科学研究的重要方法,在工程实践中得到了广泛的应用,掌握其基本方法,具有十分重要的意义。在工程结构中,材料的力学性能参数需要通过试验来测定,在对构件的强度和刚度问题进行分析和验证时,首先也是根据实验所观察的现象提出相应的假设,再运用力学和数学的有关知识来分析推证,由此得出结论。这些结论正确与否也还必须再通过实验来检验。此外,对一些受力和形状复杂的构件,当其强度、刚度和稳定性问题尚难以用理论分析解决时,更需要运用实验方法寻求解答。特别是对新材料的力学性能的认识,更是离不开力学试验。因此,材料与结构力学实验是力学课程的重要组成部分,是理论密切联系实际的实践性环节,也是培养学生观察问题、分析问题和解决问题能力的一个重要途径。由此可见,材料与工程力学实验对了解、掌握、应用和发展材料力学和工程力学理论具有极其重要的意义。

由此可见,工程中的材料与结构力学问题的研究必须建立在试验的基础上,材料与结构力学实验的内容,可分为三个方面:

(1) 材料的力学性能测定。可通过拉伸、压缩、扭转、疲劳等试验，了解有关材料的力学性能，测定材料的各项性能指标，如弹性极限、屈服极限、强度极限、持久极限、弹性模量、泊松比、疲劳极限等力学参数，这些参数是设计构件的基本依据。这些试验要根据国家标准规范来完成。通过这类试验，可以加深对材料力学基础知识的理解，初步掌握测定材料力学参数的基本方法。

（2）验证已建立的理论公式。材料力学的理论公式都是以某些假设为基础而推导出的，建立的假设是否与实验系统相一致，这一点非常重要；只有通过实验的检验，才能得知其正确性和适用范围。而对于新建立的理论和公式，用实验来验证更是必不可少的。

（3）实验应力、应变、内力和变形的测试分析。工程中的许多构件，其几何形状、受力状态和应力分布情况十分复杂，理论求解比较困难或得不到满意的结果，此时，必须采用电测法、光测法和应用各种力、力矩、位移传感器及仪表进行应力、应变、内力和变形的测量。通过这类实验，可以培养学生观察、分析与解决问题的能力。

第二节　材料与工程力学实验课程的要求

材料与工程力学实验课是通过学生亲手操作，给试样加载，同时观测其变形，并经历实验准备、进行实验、分析处理和完成实验报告的过程来进行学习的，一般要有几个人相互配合才能很好地完成实验。因此，需要组合成实验小组并明确分工。在上实验课时，要求人人遵守实验规则和纪律，集中精力，认真操作，细心观测，真实记录，仔细推理。根据上述实验课的特点，学生应达到以下几个方面的要求：

（1）必须做好实验前的预习和准备工作。按各次实验的预习要求，认真阅读实验指导，明确实验目的，掌握实验原理，了解实验的步骤和方法。对实验中所使用的机器、仪器、试验装置等应了解其工作原理以及操作注意事项。在实验开始前，应该对实验过程中需要观察的现象和应该记录的数据做到心中有数，必须清楚地知道本次实验需记录的数据项目及其数据处理的方法。事前准备好记录表格。

（2）严格遵守实验室的规章制度。按课程规定的时间准时进入实验室。保持实验室整洁、安静。未经许可，不得随意动用实验室内的机器、仪器等一切设备。做实验时，应严格按操作规程操作机器、仪器，如发生故障，应及时报告，不得擅自处理。实验结束后，把原始记录交给指导教师审阅签字后才能离开实验室，之后应将所用机器、仪器擦拭干净并恢复到正常状态。

（3）认真做好实验。接受教师对预习情况的抽查、质疑。实验时，要严肃认真、相互配合，仔细地按实验步骤、方法逐步进行。实验过程中，要密切注意对实验现象的观察，记录好所需数据，并交于指导教师审阅。教学实验是培养学习者动手能力的重要环节，小组成员虽有分工，但要及时轮换，每个学习者都应自己动手完成所有的实验环节。

第三节　实验数据处理的要求

一、误差分析

测量值与真实值之间的差异称为误差。力学实验离不开对物理量的测量，测量有直接的也有间接的；由于仪器、实验条件、环境等因素的限制，测量结果不可能无限精确，物理量的测量值与客观存在的真实值之间总会存在着一定的差异，这种差异就是测量误差。误差与错误不同，错误是应该而且可以避免的，而误差是不可能绝对避免的。

根据误差产生的原因及性质可分为系统误差与偶然误差两类。

（一）系统误差

造成系统误差包括几个方面：由于仪器结构上不够完善或仪器未经很好校准等原因产生的误差。例如，各种刻度尺的热胀冷缩效应，温度计、表盘的刻度不准确等都会造成误差。由于实验本身所依据的理论、公式的近似性，或者对实验条件、测量方法的考虑不周也会造成误差。例如，热学实验中常常没有考虑散热的影响，用伏安法测电阻时没有考虑电表内阻的影响等。测量者的生理特点，如反应速度、分辨能力甚至固有习惯等也会在测量中造成误差。

以上都是造成系统误差的原因。系统误差的特点是测量结果向一个方向偏离，其数值按一定规律变化。我们应根据具体的实验条件和系统误差的特点，找出产生系统误差的主要原因，采取适当措施降低它的影响。

（二）偶然误差

在相同条件下，对同一物理量进行多次测量，由于各种偶然因素，会出现测量值时而偏大，时而偏小的误差现象，这种类型的误差叫作偶然误差。

产生偶然误差的原因很多，例如读数时视线的位置不正确，测量点的位置不准确，实验仪器由于环境温度湿度、电源电压不稳定、振动等因素的影响而产生微小变化，等等。这些因素的影响一般是微小的，而且难以确定某个因素产生的具体影响的大小，因此偶然误差难以找出原因加以排除。

但是实验表明，大量次数的测量所得到的一系列数据的偶然误差都遵循一定的统计规律，这些规律有：

(1) 绝对值相等的正的与负的误差出现机会相同。

(2) 绝对值小的误差比绝对值大的误差出现的机会多。

(3) 误差不会超出一定的范围。

实验结果还表明，在确定的测量条件下，对同一物理量进行多次测量，并且用它的算术平均值作为该物理量的测量结果，能够比较好地减少偶然误差。

在数据处理的时候，由于实际运算只能完成有限项或有限步运算，因此要将有些需用极限或无穷过程进行的运算有限化，对无穷过程进行截断，这样产生的误差称为截断误差。在数值计算过程中，由于计算工具的限制，我们往往对一些数进行四舍五入，只保留前几位数作为该数的近似值，这种由舍入产生的误差称为舍入误差。力学性能的计算结果保留三位有效数字，并遵守表 1-1 的修约要求。

表 1-1 部分材料性能修约表

测试项目	范围	修约值
$\sigma_p, \sigma_t, \sigma_r$ $\sigma_s, \sigma_{su}, \sigma_{sl}$ σ_b	≤200MPa >200～1000MPa 1000MPa	1MPa 5MPa 10MPa
δ	≤10% >10%	0.5% 1.0%
ψ	≤25% >25%	0.5% 1.0%

二、数据处理

（一）列表法

列表法是用表格把实验数据按一定的形式和顺序列出。把实验数据列成表格可以简单清晰地表示有关物理量之间的对应关系，便于检查测量结果是否合理，及时发现问题和分析问题，有助于从中找出规律性的联系，找出经验公式。对列表法的一般要求是：

（1）排列有序，简单明了，便于查找数据和发现有关物理量数量间的关系。

（2）列表的项目应包括物理量的名称（应用符号表示），单位和量值的数量级。单位和数量级应统一标注在表格顶端的第一行。

（3）表格中０的数据应正确反映测量结果的精确度，按有效数字的书写规则书写。

（4）引用的数据、仪器的参数、符号的物理意义应有说明。

（5）应区分测量值和计算值。计算值应简单注明计算依据。

（二）作图法

坐标纸上描绘出所测物理量的一系列数据间关系的图线就是作图法。该方法简便直观，易于揭示出物理量之间的变化规律，粗略显示出对应的函数关系，是寻求经验公式最常用的方法之一。

（1）作图要用坐标纸，根据纵横坐标代表变量的关系可以选取直角坐标。横坐标表示自变量，纵坐标表示因变量。

（2）坐标轴比例的选取应与测量数据的精确度相匹配，使测量数据中的可靠部分在图上仍然可靠，存疑部分能从图上估计出来。例如某测量数值为 1.43，我们应把坐标轴上的最小分格代表的数值定为 0.1 或 0.05，这样就能从实验点的位置准确地读出 1.4，而末位的 0.03 则可以通过估计读出。为了使图线能较好地充满整个图面，应该适当选取坐标轴的起始点。

（3）为了与非实验点区分，实验点应用"○"、"□"、"△"、"⊕"、"十"等符号画出。根据点的分布画出光滑的直线或曲线。图线不一定通过全部的实验点，但要求实验点较均匀地分布在图线的两侧。对个别偏离图线较远的点，应加以分析决定取舍。但对于反映仪表实际读数和正确读数相互关系的校正曲线，各实验点间用折线连接。

（4）坐标轴代表物理量的名称，单位要标准清楚。坐标轴上分度线处要标注分度值，代表实验结果的点，如"ε"大小要相等。图线画好后在图下方写明实验名称、图线名称、实验时间、制图者等。

（三）曲线拟合

在力学实验中经常要观测两个有函数关系的力学量。根据两个量的多组观测数据来确定它们的函数曲线，这就是实验数据处理中的曲线拟合问题。这类问题通常有两种情况：一种是两个观测量 x 与 y 之间的函数形式已知，但一些参数未知，需要确定未知参数的最佳估计值；另一种是 x 与 y 之间的函数形式还不知道，需要找出它们之间的经验公式。后一种情况常假设 x 与 y 之间的关系是一个待定的多项式，多项式系数就是待定的未知参数，从而可采用类似于前一种情况的处理方法。

第四节　实验报告的要求

实验报告是经实验者整理的实验资料的总结，也是评定实验质量的依据。如何写好一份合格的实验报告，是实验课的一项重要的基本功训练。学习实验报告的写作将为今后科学论文的写作打下基础。实验报告要用统一印制的实验报告纸书写，除填写实验名称、日期、班级、实验者及组员姓名等一般资料外，实验报告的内容还应该包括以下几部分。

实验目的：简要说明本次实验的目的，例如验证某一假设、设想等。

实验设备和器材：注明设备名称、型号及精度，必要时画出仪器简图或原理示意图。

实验原理概述：写出实验原理概要，必要时画出原理图，写出测量公式及计算公式，注明公式中出现的符号的力学意义。

实验步骤：写出简要步骤及注意事项。对于课本上已有详细说明的，可以写得简略一些，要求自己设计或安排实验步骤时，应适当写得详细些。

实验记录：数据一律采用表格记录，填表时要注意测量单位。此外，还要注意仪器本身的精度和有效数字。记录表格应在预习时事先做好。发生的现象用文字记录。

实验数据处理：包括计算实验结果及误差，做出必要的图表等。计算实验结果时应详细写出计算步骤，并按实验教材中误差计算的具体要求计算误差。简要写出误差计算的过程和依据。对同一物理量作多次测量时，均取测量结果的算术平均值作为该物理量的最佳值。实验图应绘在方格纸上，用铅笔按标准绘制，图中应注明坐标轴所代表的物理量和比例尺。

实验讨论及作业：从实验中得到的结果及实验中观察到的现象，结合基本原理进行分析讨论。验证实验结果正确与否，若出现错误或者实验误差较大，应分析问题在哪里。完成实验教材的思考题。

第二章　常用仪器设备简介

第一节　电液伺服压力试验机

一、电液伺服压力试验机及其特点

YAW 系列微机控制电液伺服压力试验机（见图 2-1）是采用先进的微机化、全数字及图形显示的精密仪器，主要用来测试砖、石、水泥、混凝土等建筑材料的抗压强度。配以适当的夹具和测量装置，可满足混凝土的劈裂试验、抗折试验、静弹模试验的要求，也可应用于金属的压缩试验。

电液伺服压力试验机有以下主要特点：

(1) 横梁自行走，使试验空间调节十分容易。

(2) 在机器允许的范围内，可根据试验的要求任意设定加载速度。

(3) 测力系统采用负荷传感器，可充分保证试验精度的准确、可靠。

(4) 负荷具有不分档的特点。

图 2-1 YAW 6106 微机控制压力试验机

二、工作原理

电液伺服压力试验机利用油缸活塞升降来实现对试样的压缩变形，空间调节采用蜗轮蜗杆带动上横梁沿丝杠在给定空间内升降，以满足不同规格的试样。由电气控制器、负荷传感器、计算机共同组成的闭环伺服控制系统，自动精确地控制试验过程，并自动测试力、位移、变形等试验参数。

三、主要结构

电液伺服压力试验机主要由主机、液压源、计算机、DCS-300 控制器等部分组成。

（一）主机

主机是试验机压力试验的执行部分，采用框架结构，主要由底座、丝杠、上横梁、上下压板、油缸活塞等部分组成，采用新式蜗轮蜗杆横梁自走结构自由调整试验压缩空间，上下压板之间为压缩试验空间。

（二）液压源

液压源是为主机提供油液及工作压力的系统，位于主机右边，主要由电机、油泵、油箱、空气冷却器、控制电器等部分组成。打开油泵控制开关，通过计算机对伺服阀的控制来实现活塞的上升和下降。当伺服阀的开口加大时，从油泵输送到油缸的油量增多，这时活塞升起，对试样进行施力。空气冷却器通过散热片对液压油进行冷却，使其温度保持在一定的范围之内。伺服阀由计算机来控制。

（三）计算机

实现数据的采集、曲线显示、数据处理、操作过程的自动设定。

（四）DCS 控制器

该控制器有如下特点：

（1）DSP 硬件平台及程序。

（2）8 路 24 位高精度 A/D 数据采集系统，测量分辨力达到 300000 码。3 路光电编码数字信号采集系统。

（3）USB 1.1 通讯，通信速率为 12 Mb/s，即采用全速模式的传输方式。

（4）采用自适应 PID 控制算法，实现力、位移、变形平滑切换。

（五）液压源部分面板按钮

电源：打开电源时，顺时针旋转此按钮，指示灯亮；关闭电源时，按下此按钮；在试验加载或运动过程中，如有异常情况或误操作，立即按下此按钮。

油泵启动：按下中间蓝色按钮为油泵电机启动，指示灯亮。

油泵停止：按下右边的红色按钮为关闭油泵电机。

油压表：显示系统油压。

（六）操作盒上的控制按钮

横梁上升：按下此开关不放，主机横梁上升并保持上升状态，松开则停止。

横梁下降：按下此开关不放，主机横梁下降并保持下降状态，松开则停止。

四、操作规程及注意事项

（一）开关机顺序

当试验软件完全启动，进入联机状态后，机器才能运行（油泵才能启动）。所以在进行试机前，测控系统必须先启动，顺序如下：
①开机：显示器→计算机→DCS 控制器→启动试验软件→液压源。
②关机：液压源→退出试验软件→DCS 控制器→计算机→显示器。

★ **注意**：为了安全，必须先启动工控机和软件，过 30 秒左右，待系统稳定后再启动油泵，这样小键盘控制才有效。在长时间试验出现小键盘无效后，应按上述步骤重新启动系统。

（二）实验步骤

（1）启动 PowerTest 软件。

（2）按下"油泵启动"按钮，启动油泵。

（3）根据试样的尺寸调整压缩空间，将试样放入上下压板（或上压板与下垫板）间（若为圆形试样应按对中心刻度线放置），下压板上有若干圈刻度线，试样应放在下压板的中间位置，以确保试验精度。

（4）设置试验方案、用户向导和试样参数。

（5）将负荷值清零。

（6）按"运行"图标。加载速度可根据软件的速度窗口进行调节。

（7）用计算机控制给试样加载，直到试样断裂破坏。

（8）显示并保存试验结果，打印试验报告等。

★ **注意**：试验完成后，将油缸降到最低。

第二节　电液伺服万能试验机

一、电液伺服万能试验机的构成及功能

电液伺服万能试验机由主机、油源、电气控制系统及计算机数据处理系统等组成，采用了电液伺服控制系统，能达到位移、力、引伸计的三闭环控制要求。对于力、位移、变形的测量，电液伺服万能试验机则采用了电子技术的测量方法，不同于机械式万能试验机的摆锤、指针、度盘的测力方法和拉线、滚筒、记录笔的测位移方法。在加载速度控制方面，也由机械式万能试验机的调速手轮改为电子速度控制单元。与计算机联机后，还可实现控制、检测和数据处理的自动化。总之，电液伺服万能材料试验机是电子技术与机械传动相结合的新型试验机。现以 SHT5 系列微机控制电液伺服万能试验机（见图 2-2）为例，说明电液伺服万能试验机的工作原理和操作方法。

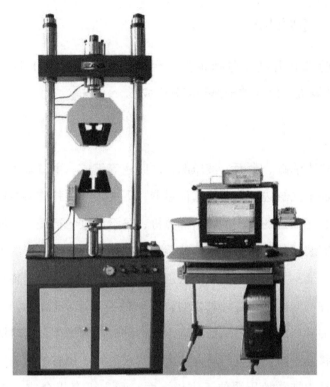

图 2-2 SHT5 系列微机控制电液伺服万能试验机

二、工作原理

双向油缸控制，在一个空间内实现拉压双向控制。整机试验空间无间隙刚性结构，直接利用活塞的升降调整试验空间，试验时活塞带动下钳口向下运动，从而实现试样变形；由电气控制器、伺服阀、负荷传感器、位移传感器、引伸计与计算机共同组成的闭环伺服控制系统自动精确地控制试验过程，并自动测量试验力、位移、变形等试验参数，通过计算机保存、输出、打印用户所需格式的试验数据及报告。

三、主要结构

试验机由主机（包括油缸、台面、油路块、液压源、冷却器等）、计算机、DCS 控制器等部分组成。

（一）主机

主机由油缸、台面、液压源、油路块等组成。主机采用双作用油缸。台面下油缸边安装了位移传感器，下夹头与位移传感器连线头相连接，它把油缸的行程反馈给计算机，显示油缸的行程。上横梁与上夹头间安装了负荷传感器，负荷传感器把拉伸或压缩试样的力反馈给计算机，显示力的大小。油路块也叫油路控制块，上面安装有本机的核心部件伺服阀，通过计算机对伺服阀的控制来实现活塞上下移动。伺服阀的开口加大时，从油泵输送到油缸的油量增多，这时活塞向上或向下移动，对试样进行施力。由此实现负荷、位移的精确控制。

主动力加载液压源位于主机下面，和主机有机合成一体，由电机、油泵、油箱、控制电器等部分组成。打开油泵开关（若室温太低，油泵启动需预热 15 分钟），油箱油温度超过 35℃时（可以观察油箱油温计得知油温），系统需要运行冷却器，以降低油系统的工作温度，确保系统正常运行。由于工作油缸是靠间隙密封的（密封间隙在 0.03～0.05 mm 之间），在密封间隙一定的情况下，液压油的黏度直接影响了密封性能，因此建议用户选择 N46 抗磨液压油。

（二）计算机

实现数据的采集、曲线显示、数据处理、操作过程的自动设定。

（三）DCS 控制器

该控制器有如下特点：

(1) DSP 硬件平台及程序。

(2) 8 路 24 位高精度 A/D 数据采集系统,测量分辨力达到 300000 码。3 路光电编码数字信号采集系统。

(3) USB 1.1 通讯,通信速率为 12 Mb/s,即传输方式为全速模式。

(4) 采用自适应 PID 控制算法,实现力、位移、变形平滑切换。

四、操作规程及注意事项

(一) 开关机顺序

当试验软件完全启动,进入联机状态后,机器才能运行(油泵才能启动)。所以在进行试机前,测控系统必须先启动,顺序如下:
①开机:显示器→计算机→DCS 控制器→启动试验软件→液压源。
②关机:液压源→退出试验软件→DCS 控制器→计算机→显示器。

★ **注意**:为了安全,必须先启动工控机和软件,过 30 秒左右,待系统稳定后再启动油泵,这样小键盘控制才有效。在长时间试验出现小键盘无效后,应按上述步骤重新启动系统。

(二) 进入 PowerTest 软件

制定试验方案,设置试验参数。

(三) 选用夹块和安装挡板

(1) 根据试样类型与试样夹持部分的大小,选择合适的夹块,并装配正确的挡板。圆试样选择 V 型夹块,平试样选择平夹块。

(2) 将夹块推入衬板的燕尾槽内。夹块有倒角的一面顺着试样受力的方向。

(3) 锁紧衬板两侧的小挡板，防止夹块偏离。

(4) 如果设备上夹块不合适，请务必更换夹块。

(5) 用内六角扳手将衬板上的小挡板拆下。

(6) 拔出夹块，放置于专用箱中。

(7) 装配正确的夹块及挡板。

★ 注意：当试样尺寸在夹块的临界尺寸时，尽量选用尺寸较小的一种。在装夹块时，油泵电机切勿启动，且应让机器处于断电状态。

(四) 安装试样

根据试样的长短及上下夹钳口之间的距离，启动油泵，调整下钳口，便于安装试样。

(1) 启动油泵电机。

(2) 将试样下端插入下夹块中间，注意圆试样夹在 V 型夹块的中间，平试样必须垂直于夹块，不能倾斜。根据试样大小以及两夹块之间的距离，调整好试样夹持深度。

(3) 按下小键盘上的"上夹紧"按钮，使夹块夹紧试样，务必保证试样夹持长度大于夹块高度的 4/5。否则，容易对设备造成损坏。

(4) 上升下钳口，使试样插入上钳口的两夹块之间。

(5) 确定试样夹持深度合适后，停止下钳口上升。

★ 注意：对于平试样，需在平夹块上装配试样限位条，并调整好位置。

(五) 数值清零

软件力值清零，按小键盘上的"下夹紧"按钮。

（六）开始试验

点击"开始"按钮，按设定的试验方案进行试验。

进入试验状态，微机控制进行加荷，直到试样断裂。试验结束时，伺服阀自动复位（软件发出停止指令），防止试验结束后试件继续下降。

至此，一个拉伸试验结束。如果一组进行多个试验，可重复上述步骤，不退出试验窗口，点击"开始"按钮继续试验。试验全部结束后，可进行结果数据的处理和报告打印。

（七）试样拆卸

（1）将下钳口下降到合适高度，留出足够空间。

（2）用一只手托住试样，按下小键盘上的"上松开"按钮、"下松开"按钮，取出断试样。

第三节 电子式扭转试验机

电子式扭转试验机采用电子计算机进行试验的控制、测量、显示、作图和数据处理，它是目前比较先进的扭转试验机，下面介绍其工作原理及操作方法。

一、工作原理

扭转试验机的工作系统如图 2-3 所示：

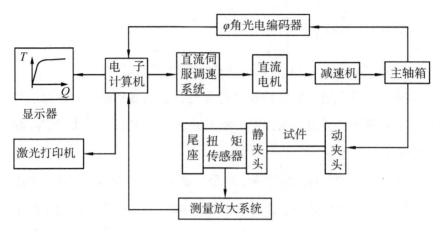

图 2-3 扭转试验机工作原理系统

电子计算机内安装有一块扩展板,能进行模/数(A/D)和数/模(D/A)的转换,以及电信号放大和计数的工作。

由电子计算机发出的指令,通过直流伺服调速系统控制直流电机的转速和转向。电机的转动带动摆线针轮减速机,减速机的转动由齿型带传递到主轴箱,再带动夹头旋转,对试件施加扭矩。这时扭矩传感器和 φ 角光电编码器便输出测量信号。其中扭矩电信号经测量放大系统进行放大,然后进入计算机进行 A/D 转换。由光电编码器检测扭转角而输出的脉冲,送给计算机进行计数,经计算后,将扭矩、扭转角的结果在显示屏上显示出来。

二、操作方法

现以 CTT-500 扭转试验机(见图 2-4)为例,介绍其工作原理及操作方法。

(一)启动

先开试验机主机电源,再开启计算机电源及系统。双击桌面

图 2-4 CTT-500 扭转试验机

"PowerTest_D40C"的快捷键。

(二)登录软件

输入用户名和密码,单击"确定"按钮,就进入了联机窗口界面,单击"联机"按钮,1~2秒之后软件便与主机建立正常通讯,就可以正常做试验了。计算机显示视窗如图2-5所示。

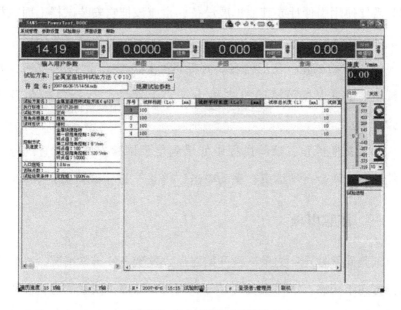

图 2-5 计算机显示视窗

（三）试验步骤

（1）选择试验方案：在"试验方案"下拉框中选择需要进行试验的试验方案名。

（2）填写试验数据库文件名称：在"存盘名"栏输入试验的数据存盘文件名，默认情况软件将自动以当前系统时间作为存盘文件名，根据需要可以重新命名。

（3）输入该试验用户参数：在"输入用户参数"填写一些相关用户参数值，用户参数输入界面显示根据不同的试验方案而有所不同。

（4）安装试样：先把做试验要使用到的夹具正确安装到主机上面，在软件中对扭矩进行清零，单击扭矩传感器显示值旁边的"清零"按钮。再把试样安装到夹具上面，具体注意事项参考相关的夹具说明书。试样在两端都夹紧之后不能再对扭矩进行清零操作。如果试验需要使用引伸计或其他扩展设备，也应该把它安装试样上面或相关正确位置。

（5）开始试验：在正确安装好后即可以单击"运行"按钮，开始试验，也可以按下试验机主机小键盘上面的"运行"按钮开始试验。

（6）试验停止：试验过程中如果满足了试验方案中设置的停机条件，试验就会自动结束；手动单击"停止"按钮试验也会结束。

三、注意事项

试验异常处理：如果试验开始之后，发现一些异常情况，如发现运行方向不正确，试样没安装好等，需要立即停止试验的进行。可以按下试验机主机小键盘上面的"停止"按钮停止试验，也可以单击软件界面上面的"停止"按钮停止试验。

如果某个试验还没有全部完成,可单击"试验部分"菜单下面的子菜单"继续试验",弹出相应的界面,让操作者选择在那个试验数据上面进行继续试验。如果是存在已经输入的用户参数,但是没有进行试验的,软件自动将没有试验的用户参数调出来,就可以接着做试验。

第四节 冲击试验机

冲击试验机用于测定材料抵抗冲击的能力。由于材料在不同的温度下具有不同的抗冲击能力,因此,冲击试验机除了常规室温下使用的机型外,还有带加热炉的高温冲击试验机。按试验的方法,可分为冲击弯曲试验(简支梁和悬臂梁)和冲击拉伸试验。有些多用途的冲击试验机既可做简支梁和悬臂梁的冲击试验,又可做拉伸的冲击试验。现以 JB-300B 冲击试验机为例,说明它的工作原理和使用方法。

一、工作原理

JB-300B 冲击试验机的外形如图 2-6 所示。

本试验机有 2 个大小不同的摆锤,对应两个不同的试验量程(0～300 J 和 0～150 J)。它的工作原理如图 2-7 所示。

图 2-6 JB-300B 冲击试验机的外形

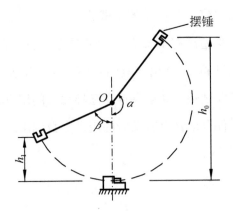

图 2-7 冲击机工作原理

摆锤由电动机升起至某一已定角度 α,然后按退销、冲击按钮,摆锤落下,冲断安放在支座的试件,并继续向前摆起一小角度 β。若摆锤的质量为 M,质心与转动中心 O 的距离为 L,以摆锤处于垂直状态时的重心位置为参考点,则冲击前后质心的高度为

$$h_0 = L(1 - \cos\alpha) \qquad (2.1)$$

$$h_1 = L(1 - \cos\beta) \qquad (2.2)$$

在冲击过程中,摆锤的势能损失为

$$W = Mg(h_0 - h_1) = MgL(\cos\beta - \cos\alpha) \qquad (2.3)$$

在上式中,g 为重力加速度,MgL 为摆锤力矩。

如果不计摩擦损失及空气阻力等因素,则冲断试件所消耗的功等于摆锤所损失的势能 W。

由于冲击摆锤的力矩 MgL 和冲击前摆锤的扬角 α 均为已知数,因此,根据摆锤冲断试件后的摆起角 β 就可算出 W 值。在转动中心 O 处安装一指针,由摆锤的拨杆带动,指示出 β 角。按照式(2.3),将对应 β 角的 W 值刻上,则可直接从指针度盘中读出冲断试件所消耗的功 W。

该机在操作上采用半自动控制,使用方便,因而能够提高试验的工作效率。对电气原理有兴趣的同学,可参考图 2-8。

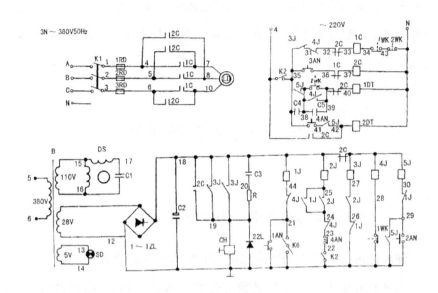

图 2-8　JB-300B 冲击机电气原理

二、操作规程及注意事项

操作规程包括以下方面。

(1) 打开电源。

(2) 手握按钮盒,将按钮开关拨到"开"位置。

(3) 按下"取摆"按钮,摆锤按反时针方向转动,升起至设定的位置。如此时发现摆锤顺时针方向转动,应立即停机,改变三相电源的相序。

(4) 安放冲击试件,对好中位。把指针拨至最左边位置。

(5) 按下"退销"按钮。

(6) 按下"冲击"按钮。摆锤落下,冲断试件。

(7) 摆锤在往回摆时,自动升起至设定位置,准备下一次试验。

(8) 读取冲断试件所消耗的能量 W。

冲击试验不同于其他拉、压、弯、扭和剪切试验等，要特别注意人身安全，尤其在安放试件时，不可乱动电开关。冲击时，人员应在警界区外。冲断试件后，不要急于捡试件，以防还在摆动着的摆锤伤人。

第五节　布洛维三用硬度计

一、硬度试验与布洛维三用硬度计

硬度计可以测定一个物体抵抗其他物体压入的能力——硬度。

从试验方法来分，硬度试验可分为压入法、弹跳法和刻画法三种。下面介绍压入法测定材料硬度的布洛维三用硬度计（即 HDI1875 型硬度计，如图 2-9 所示）。

布氏硬度试验是把一定直径 D（mm）的钢球，在规定的时间里，以规定的载荷 P（N）将其压入试件，并保持一段规定的时间，然后卸载，取出试件，测量压痕的直径 d（mm），则可按下式计算布氏硬度值。

$$HB = 0.102 \frac{P}{A} = \frac{0.204 P}{\pi D(D - \sqrt{D^2 - d^2})} \qquad (2.4)$$

式中 A 为压痕球冠之表面积。

维氏硬度试验的做法与布氏的相似，但所用的压头为相对面夹角等于 136°的正四棱锥。维氏硬度的计算式为：

$$HV = 0.102 \frac{P}{A} = 0.1891 \frac{P}{d^2} \qquad (2.5)$$

式中 A 为压痕之表面积；d 为压痕两对角线长度 d_1 和 d_2 的平均值。

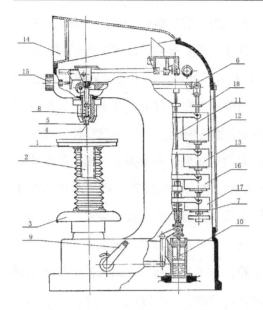 

1-支承台；2-螺杆；3-手轮；4-加荷杆；5-螺钉；6-加荷杠杆；7-砝码台；8-弹簧；9-手柄；10-油缓冲器；11-推杆；12-砝码 A；13-砝码 B；14-投影屏；15-调整旋钮；16-砝码 C；17-砝码 D；18-砝码 E

图 2-9　HDI1875 硬度计结构示意

洛氏硬度试验采用 120°的圆锥或一定直径的淬火钢球作为压头，在先后施加的 2 个规定载荷（预载荷和总载荷）作用下，将压头压入试件。洛氏硬度的计算式为：

$$圆锥压头：HRC/HRA/HRD = 100 - \frac{H-h}{0.002} \quad (2.6)$$

$$钢球压头：HRB/HRF/HRG = 130 - \frac{H-h}{0.002} \quad (2.7)$$

式中 h 为预载荷 98.1 N 时，压头压入的深度（mm）；H 为在总载荷（预载+主载）作用后，卸去主载荷，保留预载荷下压痕的深度（mm）。

二、工作原理

把试件安放在支承台上，转动手轮，可使螺杆及支承台上升或下降。试验用的压头装在加荷杆的孔内，旋紧螺钉，将压头固定。选择所需的试验载荷，转动手轮使试件与压头接触，压紧至投影屏上的标尺红色刻度 100 与基准线重合（如不重合，可小心旋转调整旋钮使其重合），此时已把 98.1 N 的预载荷加在试件上。将手柄轻轻推向后方（加载），则由试验载荷所确定的砝码组合通过加荷杠杆、压头将载荷加到试件上。经过一段规定的时间后，向前扳动手柄，卸去主载荷，保留 98.1 N 的预载荷。如果是洛氏硬度试验，则此时可从投影屏上读出硬度值，因为硬度计上设有测量压痕深度的装置，将测得的加主载荷前后的压痕深度差按硬度计算式刻画在标尺上。如果是做布氏、维氏硬度试验，则转动手轮，卸去预载荷，取出试件，用读数显微镜测量压痕的直径 d 或对角线 d_1 和 d_2，然后代入计算式，求出布氏、维氏硬度值。

三、操作及注意事项

（1）根据试件形状选用适当的支承台（平台，V 槽）。

（2）根据试验要求选用相应的压头（圆锥、正四棱锥、钢球）和相应的载荷。

（3）将操纵手柄向前扳，然后将试样安放在支承台上。转动手轮，使试件表面与压头接触，再缓慢转动，使投影屏上的标尺的红色刻度 100 与基准线重合，如有少量偏差，可小心旋转调整旋钮使其重合。

（4）将手柄向后推，加上主载荷。

（5）经过一段时间后，将手柄向前扳，卸去主载荷。如做洛氏硬度试验，则此时可从投影屏上读出硬度值。

（6）旋转手轮，降下支承台，取出试件。如做布氏、维氏硬度试验，则用读数显微镜测量压痕的直径或对角线长度，然后计算硬度值。

（7）进行硬度试验时，必须注意国家的试验标准，按要求操作。详见 GB 231—84、GB/T 230—91、GB 4340—84 等国家硬度试验标准。

第六节　显微硬度计

显微硬度计是一种精密机械光学系统和电子系统组合而成的材料硬度测定仪器。它的主要用途是测定表面比较光洁的、细小的片状零件和试件的硬度，电镀层、氮化层、渗碳层和氧化层的硬度，玻璃、玛瑙等脆性材料和其他非金属的硬度。此外，它可以作为一台金相显微镜，用以观察显微组织，测定金相组织显微硬度，供研究使用。

现以 HX-500 显微硬度计为例，说明其工作原理和使用方法。

一、工作原理

HX-500 显微硬度计的结构外形如图 2-10 所示。

试件放在工作台上面，而工作台可以通过转动手轮做上下运动，通过转动纵向、横向微分筒做纵向和横向的运动。把工作台缓慢、平稳地推向左端，打开电源，进行焦距调节，直至清晰地看见试件表面为止。然后，把工作台及安装在台上的试件小心缓慢平稳地推向右端。转动变荷圈，显示窗（0，25，50，100，200，300，500）中的对应指示灯亮，表示对应的加载砝码的质量（g），由此可知相应的试验压下力 F 为 0N，0.2452N，0.4903N，0.9807N，1.961N，2.942N 或 4.903N。选择所需的试验力和保荷时间（15 s 或 30 s），按电动机起动键（S），则安装在主柱里的电动机带动凸轮转动，再拉

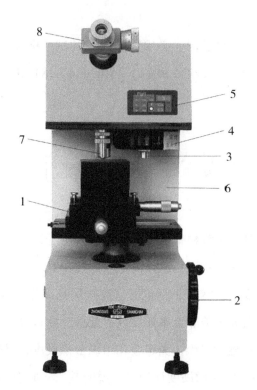

1-工作台；2-手轮；3-加载压头；4-变荷圈；5-显示窗；6-主柱；7-测量物镜；8-测量目镜

图 2-10　HX-500 结构外形

动杠杆，压下金刚石锥体压头，对试件进行加载试验。加载、保荷、卸荷全过程是自动完成的。保荷的时间由石英晶体振荡器控制，微型电动机则由程序控制。加载完毕后，将工作台轻轻推至左端，在显微镜下进行测量，测出压痕的对角线长度 d。根据维氏硬度的定义计算出硬度值：

$$HV = 0.102\frac{F}{A} = 0.102 \times \frac{1.8544F}{d^2} = 0.1891\frac{F}{d^2} \quad (2.8)$$

式中 A 为压痕面积（mm^2）；系数 0.102 是由于力 F 的计量单位从原来的 kgf 改为 N 而加的，从而保证现在的测试结果与以往的结果具有相同的数值。

二、使用方法步骤

（1）安置试样。

（2）调焦。把工作台轻轻地推至左端，小心地转动手轮，直至试件表面清晰可见为止。此项工作需有经验，未熟悉之前，千万不可测定针尖类的试样，以免在调焦时将物镜顶坏。

（3）转动工作台纵向、横向微分筒，在视场里找出试样需测试的部位。

（4）轻轻地推动工作台至右端，试样需测试的部位处于金刚石锥体压头下面。

（5）加荷。选择荷载及保荷时间，然后按"S"键。绿灯亮，加载开始。红灯亮，绿灯灭，开始保荷。绿灯重新亮，红灯灭，保荷结束，开始卸荷。绿灯灭，加载全过程完成。

（6）将工作台轻轻扳回原来位置，即移至左端，测量压痕对角线长度 d。方法如下：调节工作台上的纵横向微分筒和测微目镜的鼓轮，使压痕的棱尖和目镜中交叉中心精确重合，读下此时视场内标尺的读数（取截断整数，单位 mm），再读取鼓轮上的读数（为小数点后的值，单位 mm）。继续转动鼓轮，使交叉线中心对准另一个棱尖，读下此时的位置读数，方法同前面一样。两次读数之差除以 40 即为测量对角线长度 d。如压痕不是正方形，则需测出两条对角线长度 d_1 和 d_2，然后取平均值，即为等效对角线长度 d。测取另一条对角线长时，只要将滚花螺钉松开，测微目镜转过 90°，就可重复前面的做法，测出该条对角线之长度。

（7）计算硬度值 HV，或查表求 HV。

第七节 疲劳试验机

材料的疲劳寿命是设计承受交变载荷作用的构件的重要参数。特别是航空航海交通运输工具的发动机系统,为防止疲劳断裂事故发生,对材料的疲劳寿命更为重视。测定材料的应力-寿命曲线即 $S-N$ 曲线,需在疲劳试验机上进行。它是材料动力试验的内容之一。

疲劳试验机有机械式的纯弯曲疲劳试验机、电磁共振高频疲劳试验机和计算机控制电液伺服疲劳试验机等。下面分别介绍弯曲疲劳试验机和电液伺服疲劳试验机的工作原理。

一、PQ-6 型弯曲疲劳试验机

PQ-6 型弯曲疲劳试验机外形如图 2-11 所示。

图 2-11　PQ-6 型弯曲疲劳试验机外形

(一) 工作原理

如图 2-12 所示,电动机的转动经联轴节、连接轴、主轴结合部，带动试件转动。加载砝码通过拉杆等作用到试件上，其受力简图及弯矩图如图 2－13（a）所示。在试件的整个工作段内为纯弯曲，且弯曲力矩 $M = \frac{1}{2}Pa$。虽然负荷方向不变，但试件在旋转，因此试件上每一点的应力随试样的旋转而作相同频率的变化，如图 2－13（b）所示。经 N 次反复循环后，试件因疲劳而断裂，从而得到 $S-N$ 曲线上的一点。根据国家标准 GB 4337—84，经过多根试件的试验后，就可测出某受试材料的 $S-N$ 曲线［包括条件疲劳极限 $\sigma_{R(N)}$］。如受试材料为黑色金属（钢铁材料），则可以测出其疲劳极限 σ_D。试件断裂时，主轴结合部压在停机按钮上，试验机自动停机，计数器也停止计数。这时可从计数器上读出数值，减去初读数后，乘以100，便得出循环数 N。

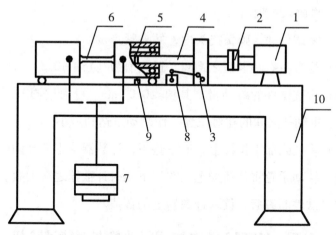

1－电动机；2－联轴节；3－减速箱；4－连接轴；5－主轴结合部；6－试件；7－砝码；8－计数量；9－停机按钮；10－支架

图 2－12　PQ－6 型弯曲疲劳机试验结构

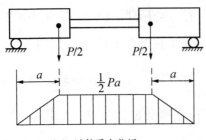
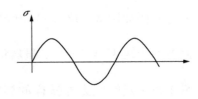

（a）试件受力分析　　　　（b）除轴线以外，试件上任一点的应力变化

图 2-13　纯弯曲疲劳试验原理

（二）操作程序

（1）用导板保护罩将导板盖好。

（2）将左右垫板分别垫入卡箍与机身之间。

（3）取出左右主轴鼓轮内之心轴，换上与试件直径相匹配的弹簧夹头，再放入主轴内。

（4）将试件插入弹簧夹头内，并夹紧。

（5）检查左右两卡箍之距离，正确值为（150±0.5）mm。

（6）检查试件的跳动量，其值≤0.03mm。可通过调节试件、弹簧夹头、主轴孔之间的相对位置，使跳动量达到最小。

（7）将砝码加于拉杆上，取下垫板，计数器清零，开动电机。

（8）转动手轮将负荷加上，并记下此时计数器之初读数。

（9）试件断裂后，读取计数器上的数值。

二、JNT-110572 型电液伺服动静态万能试验机

JNT-110572 型电液伺服动静态万能试验机（见图 2-14）整合了电液伺服疲劳试验机的功能，常用于做疲劳试验。

（一）试验准备工作

（1）在 WINDOWS 操作系统桌面上点击试验助手图标或者在

图 2-14 JNT-110572 型电液伺服动静态万能试验机

WINDOWS 操作系统桌面的左下角,选择"开始">"程序">"试验助手 4.1">"试验助手 4.1",运行试验助手。

(2) 在注册窗体中输入密码。

(3) 打开试验系统配置文件:进入试验助手窗体后,选择菜单"文件">"打开",打开需要的配置文件(配置文件扩展名为 TAC)。

(4) 修改操作人员等级:如果需要高级操作,可以修改操作人员等级,选择菜单"编辑">"操作人员等级",显示编辑操作人员等级窗体,在该窗体中将操作人员等级改到需要的等级上。本操作只建议系统管理人员使用,其他人员尽量不要进行该操作,否则不小心改变系统的设置后,可能导致试验不能正常进行。

(5) 显示数字电压表:选择菜单"显示">"数字电压表"。

(6) 检查传感器量程:在数字电压表中观察传感器的量程,如果不满足需要，可以在试验助手窗体中选择菜单"编辑" > "传感器参数"，显示编辑传感器窗体，然后指定需要改变量程的传感器的插槽编号和地址，再在满量程栏中选择需要的量程。量程选择完毕后，可以关闭编辑传感器窗体。

（7）显示计算机控制面板：选择菜单"显示" > "计算机控制面板"。

（二）安装试样

（1）安装试样时，用活塞面板或计算机控制面板来控制活塞的移动，这两个面板功能是相同的，而且是并联关系，使用任何一个都可以，它们都简称为手动面板或 PCP（Piston Control Panel）。

（2）在试验助手窗体中，将"PCP 控制模式"选择到需要的模式上（一般为载荷方式或位移方式）。

（3）在手动面板中，点击 On/Off 按钮，直到将 On/Off 按钮切换到 On 状态，这时试验助手窗体中的 PCP 控制模式就切换到当前控制模式，活塞的移动控制命令就改由手动面板控制。

（4）在手动面板中，开启液压源（HPS）和液压多路器电磁阀（HSM），并切换到高压。在试验助手窗体的"液压源状态"栏和"HSM 状态"栏中有 HPS 和 HSM 的状态（或油压）显示。

（5）根据试件的尺寸调整横梁高度。

（6）在手动面板中，点击"＋"按钮（活塞缩回）或"－"按钮（活塞伸出），移动活塞到合适位置，将试样夹紧。

（三）设置保护

（1）传感器信号清零：在试验助手窗体中，选择菜单"调整" > "外保护"，显示调整外保护窗体，在该窗体中，如果需要可以对传感器信号清零。当液压源启动后，在编辑传感器窗体中不能对传感器信号清零，但在这里可以。

（2）在调整外保护窗体中，根据具体试验特点，对传感器信号设置外保护，保护动作一般选"Interlock"项，这样当保护发生时，控制系统会自动关闭液压源、液压多路器电磁阀和伺服阀。保护发生后，需要在该窗体中点击"清除锁阀"按钮，伺服阀才能解锁，活塞才能再被控制。每次保护发生后，软件会自动消除发生保护项的设置，所以如果还需要保护，要重新设置。

（四）安装传感器

如果需要，这时可以安装应变规等传感器。当传感器正确安装完成后，可以决定是否对传感器信号清零和是否对该传感器信号设置保护，这两项操作都在调整外保护窗体中进行。

（五）运行试验软件（这里以函数发生器软件为例）

（1）在 WINDOWS 操作系统桌面上点击函数发生器 3.0 图标或者在 WINDOWS 操作系统桌面的左下角，选择"开始"＞"程序"＞"试验助手 4.1"＞"函数发生器 3.0"，运行函数发生器软件。

（2）设置控制模式：在函数发生器软件中，选择菜单"设置"＞"控制模式"，显示设置控制模式窗体，在该窗体中，选择正确的控制通道和控制模式后，按"确定"按钮。

（3）设置试验波形：软件隐含的波形为正弦波，如果需要可以选择菜单"设置"＞"试验波形"，显示设置试验波形窗体，在该窗体中选择需要的试验波形后，按"确定"按钮。

（4）设置波形的峰谷值和频率：在函数发生器窗体中，在峰值、谷值和频率项里，分别输入试验波形的峰值、谷值和频率。峰值、谷值和频率的允许范围可以点击"峰值"、"谷值"或"频率"按钮设置。

（5）所有设置完毕，检查无误后，点击"运行"按钮，开始试验。

（6）当循环数计数器开始计数后，点击"幅值控制"复选框，使其生效后，控制系统会对波形的峰值和谷值进行精确控制。

（7）当试验结束后，点击"停止"按钮，过一会再点击"回零"按钮。

（8）记录下试验循环数。

（9）在试验助手的设置外保护窗体中将不需要的保护去掉。

（10）卸下旧试样：在试验助手窗体中，将"PCP控制模式"选择到需要的模式上（一般为载荷方式或位移方式）。在手动面板中，点击On/Off按钮，直到将On/Off按钮切换到On状态，这时试验助手窗体中的PCP控制模式就切换到当前控制模式。在手动面板中，点击"＋"按钮（活塞缩回）或"－"按钮（活塞伸出），将试样载荷消除，松开下夹具。在手动面板中，点击"＋"按钮（活塞缩回），最后卸下旧试样。

（11）如果需要更换试件继续试验，向前跳到（2）继续。

（12）如果不需要再试验了，关闭液压源，退出函数发生器和试验助手。

第八节　百分表、千分表和磁性表座

百分表和千分表是材料力学试验经常用到的位移测量仪表，它的构造原理如图2-15所示。安装时使顶杆与被测物体接触，并根据实际测量位移情况确定百分表、千分表的初读数。被测物体发生位移时，顶杆也跟着移动，使齿条带动齿轮转动，经传动齿轮放大，使长针的读数分度值每格为 0.01 mm（百分表）或 0.001 mm（千分表），短针的读数分度值每格为 1 mm（个位数）。有些大量程百分表还有显示 10 mm/格的指针（十位数）。读数时从短针至长针依次读出位移（单位 mm）的十位数、个位数和小数后的二位或三位数。

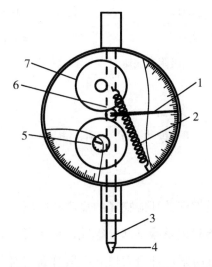

1 – 长针；2 – 弹簧；3 – 顶杆；4 – 触头；5 – 短针；6 – 齿条；7 – 齿轮

图 2 – 15　百分表构造原理

磁性表座可用于安装百分表、千分表、激光位移计以及其他多种测量仪表、探头和传感器等。转动旋钮于 ON 或 OFF 就可以使表座与底座吸紧（吸力通常为 600 N）或松脱，使用方便，而且调节支架的空间位置很灵活。有一种新型的油压磁性表座更是如此。磁性表座的开关工作原理如图 2 – 16、图 2 – 17 所示。

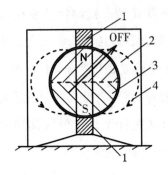 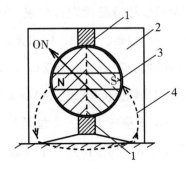

1—铜或铝；2—铁；
3—磁铁；4—磁力线

1—铜或铝；2—铁；
3—磁铁；4—磁力线

图 2-16 OFF 状态，不吸附于底座　　图 2-17 ON 状态，吸附于底座

第九节　引伸计

引伸计是测量构件及其他物体两点之间线应变的一种仪器，通常由传感器、放大器和记录器三部分组成，具体可由应变片、变形传递杆、弹性元件、标距限位杆、刀口和夹紧弹簧等部件构成，如图 2-18 所示。

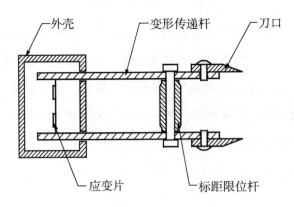

图 2-18 百分表构造原理

测量时传感器直接和被测构件接触，构件上被测的两点之间的距离为标距，标距的变化（伸长或缩短）为线变形。构件变形，传感器随着变形，并把这种变形转换为机械、光、电、声等信息，放大器将传感器输出的微小信号放大。记录器（或读数器）将放大后的信号直接显示或自动记录下来。引伸计通常可以配合试验机一起使用。实验常用的电阻应变式引伸计测量变形时，先将引伸计装卡于试件上，刀刃与试件接触而感受两刀刃间距内的伸长，通过变形杆使弹性元件产生应变，应变片将其转换为电阻变化量，再用适当的测量放大电路转换为电压信号。

引伸计的种类有很多，大致可以分为接触式引伸计和非接触式引伸计；按应变可以分为电阻应变片式引伸计、电容式引伸计、电感式引伸计等；按测量方式分为轴向引伸计、径向引伸计、断裂力学引伸计等。还有其他的专用引伸计，比如钢绞线引伸计、高温引伸计、扭转引伸计等。

第三章 材料力学性能实验

第一节 常温、静载下的低碳钢和铸铁拉伸试验

力学性能是材料在外力作用下所呈现的有关强度和变形方面的特性，如强度、塑性、弹性、韧性等。将能反映材料力学性能的一些参数统称为力学性能指标，包括比例极限 σ_p、屈服极限 σ_s、规定非比例伸长应力 $\sigma_{p0.2}$、强度极限 σ_b、弹性模量 E、泊松比 μ、延伸率 δ 和断面收缩率 ψ 等，都是通过试验获得的。本试验将参照中华人民共和国国家标准《金属拉伸试验方法》（GB 228.1—2010）进行，采用低碳钢和铸铁分别进行拉伸试验，以便认识塑性材料和脆性材料的力学性能和它们之间的差异。

一、试验目的

（1）测定低碳钢的屈服极限 σ_s、强度极限 σ_b、延伸率 δ。

（2）测定铸铁的强度极限 σ_b 和延伸率 δ。

（3）观察低碳钢、铸铁在拉伸过程中所出现的各种现象，分析力、位移曲线，即 $P - \Delta l$ 图的特性。

（4）观察断口特征，分析破坏原因。

（5）观察分析低碳钢经过冷拉拔后拉伸试验曲线的特点。

二、仪器设备与工具

（1）电子万能试验机（见第二章第一节），或其他类型的万能试验机、拉力试验机。

（2）卡尺、电子引伸计等。

（3）拉伸试件。

三、试件制备与安装

拉伸实验的条件是常温、静载、轴向加载，也就是要求实验在室温下进行，是以均匀缓慢的速度对被测试样施加轴向拉伸载荷。试验的结果表明，在进行材料的拉伸试验时，所用的试件的尺寸和形状对试验的结果有影响；因此，必须依据国家标准制作，试验所得的结果才具有可比性。金属材料的拉伸试样通常有圆截面和矩形截面两种。拉伸试样由三部分组成，即工作部分、过渡部分和夹持部分。工作部分必须保持光滑均匀以确保单向应力状态。拉伸试样分为比例试样和定标距试样。除特殊情况外，一般应按比例试样的要求加工试样。比例试样就是对试样的原始截面积与原始标距长度的比例有特定要求的试样。

国家标准《金属拉伸试验试样》（GB 6397—86）对圆形、矩形、管形和弧形等各种拉伸试件的制备做了统一的规定。其中比例试件须满足以下关系：

$$l_0 = k\sqrt{A_0} \tag{3.1}$$

式中 l_0 为试件标距，用于测量拉伸变形；A_0 为标距部分的横截面积；k 为系数，通常取 5.65 或 11.3。国家标准规定使用短比例试样。如实验采用的是长标距试样或非比例试样，应在实验测试报告中明确标注。当试件为圆截面时，则：

$$l_0 = \frac{k\sqrt{\pi}}{2}d_0 \qquad (3.2)$$

对应于 $k=5.65$ 或 $k=11.3$，l_0 分别等于 $5d_0$ 和 $10d_0$，前者称为短试件，后者称为长试件。

试样的过渡部分必须有适当的台肩和圆角，以降低应力集中，保证该处不会断裂。试样两端的夹持部分用以传递载荷，其形状和尺寸与所用试验机的夹具结构有关，试样夹持部分的长度不应小于夹具长度的 2/3。

试件的安装有多种形式，它与试件制作时两个端头的形式相适配，如螺纹接法、带肩套筒接法、楔块夹紧法等。本次试验采用楔块夹紧法，如图 3-1 所示。

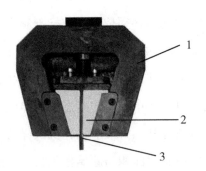

1—夹头；2—楔块；3—试件

图 3-1 试件夹紧装置

进行拉伸实验时，要使外力通过试样的轴线以确保材料处于单向应力状态。在加载过程中，通过定时检测作用在试样上的载荷 F（单位为 N 或 kN）和试样的拉伸 Δl（单位 mm），可得到 F 与 Δl 的关系曲线，即被测材料的拉伸曲线（也称拉伸图）。$F - \Delta l$ 曲线形象地体现了材料在拉伸过程中的变形过程以及各阶段受力和变形的关系，但是 $F - \Delta l$ 曲线的定量关系不仅取决于材质而且受试样几何尺寸的影响。因此，在工程上常常将其转化为与试样尺寸无关的 $\sigma - \varepsilon$ 曲线。

$\sigma-\varepsilon$ 曲线与 $F-\Delta l$ 曲线形状相似,但消除了几何尺寸的影响,因此它代表了材料属性,便于人们直接从曲线上观察、认识、分析及确定材料的力学性能与特性。很明显,随着外加载荷的不断增加,试样的横截面积和试样的长度总是在不断改变。应力 σ 和应变 ε 不能代表被测材料真实的应力和应变,所以按上述方法得到的应力常称作名义应力或工程应力,得到的应变常称作名义应变或工程应变,其曲线称为名义应力-应变曲线或工程应力-应变曲线。

四、试验原理及方法

(一) 低碳钢拉伸试验

低碳钢 Q235 是建筑工程中广泛使用的材料,测定其拉伸时的力学性能如屈服极限 σ_s、强度极限 σ_b、延伸率 σ_5 或 σ_{10} 是工程设计、工程施工质量监测检验必不可少的。低碳钢 Q235 拉伸曲线(即载荷 P 与变形 $\Delta l = l - l_0$ 的关系)如图 3-2 所示。

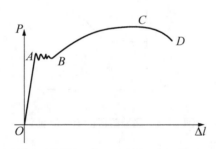

图 3-2 低碳钢拉伸变形曲线

从图 3-2 可看出,低碳钢拉伸过程可分为以下 4 个阶段:

1. 弹性阶段

在弹性阶段,即图 3-2 中的 OA 段,变形 Δl 很小。在比例极限范围内,载荷 P 与变形 Δl 成线性关系,即

$$\Delta l = \frac{l_0}{EA_0}P \tag{3.3}$$

式中 E 为拉伸弹性模量，A_0 为试件的横截面积。

2. 屈服阶段

在弹性阶段之后，$P-\Delta l$ 曲线出现锯齿状，见图 3-2 的 AB 段，变形 Δl 在增加，而载荷 P 却在波动或保持不变，这个阶段就是低碳钢的屈服阶段。对于表面磨光的试件，在屈服时可以看到试件表面出现与轴线大致成 45°倾角的条纹。由此可见，屈服是由剪应力引起的。45°斜截面上剪应力最大，它使试件沿该面产生滑移，从而产生屈服阶段的 $P-\Delta l$ 曲线。图 3-3 展示了屈服阶段的几种情形，以及 P_{su}、P_{sl}、P_s 的识别方法。

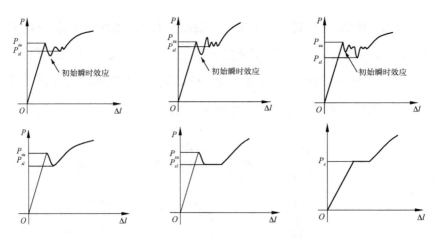

图 3-3 屈服阶段的 $P-\Delta l$ 曲线

根据图 3-3，在 $P-\Delta l$ 曲线上确定屈服阶段首次下降之前的最大力 P_{su}，不计初始瞬时效应的多个波动中的最小力 P_{sl}，或恒定不变的力 P_s，然后按下式计算屈服点、上屈服点和下屈服点。

$$\sigma_s = \frac{P_s}{A_0} \tag{3.4}$$

$$\sigma_{su} = \frac{P_{su}}{A_0} \tag{3.5}$$

$$\sigma_{sl} = \frac{P_{sl}}{A_0} \qquad (3.6)$$

而对于无明显屈服现象的金属材料，应按国家标准 GB 228—2010，测定其规定非比例伸长应力 $\sigma_{p0.2}$，或规定残余伸长应力 $\sigma_{r0.2}$。

3. 强化阶段

屈服阶段过后，试件恢复承载能力，需要增大载荷才能使试件的变形增大，见图 3-2 中的 BC 段，这一阶段被称为强化阶段。

4. 颈缩阶段

载荷在达到最大值 P_b 后，试件某一局部地方横截面积明显缩小，出现"颈缩"现象。这时的载荷在迅速下降，接着试件被拉断，以试件初始横截面积 A_0 去除 P_b，得强度极限：

$$\sigma_b = \frac{P_b}{A_0} \qquad (3.7)$$

把图 3-2 的纵横坐标 P 和 Δl 分别除以 A_0 和 l_0，便得出 $\sigma - \varepsilon$ 曲线如图 3-4 所示。

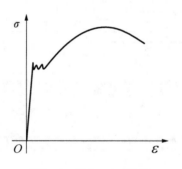

图 3-4 应力-应变曲线

在试件发生颈缩的时候，虽然荷载 P 在下降，但试件颈缩处的横截面积以更快的速度在缩小，所以真正应力 $\sigma_t = P/A$ 仍然在上升，直至试件拉断为止。或者说，颈缩时横截面积 A 减少的速度大于应力

σ_t 上升的速度,导致 $P = \sigma_t \cdot A$ 下降。

计算断后伸长率的公式为:

$$\delta = \frac{l_1 - l_0}{l_0} \times 100\% \qquad (3.8)$$

式中 l_0 是标距原长度,l_1 是拉断的试件在紧密对接后直接量出的或经断口移中后量出的标距长度。

短、长比例的试件拉断后伸长率分别以 δ_5 和 δ_{10} 表示。定标距试样拉断后的伸长率应附以该标距数值的角注。例如:$l_0 = 100$ mm 或 200mm,则分别以符号 δ_{100} 或 δ_{200} 表示。

由于断口附近的塑性变形大,所以直接测量 l_1 时所得的结果与断口所在的位置有关。如断口发生在标距端点上、端点以外或机械刻画标记上,则试验无效,应重做试验。若断口距标距的一端的距离 $\leq \frac{1}{3} l_0$,则采用断口移中法测定 l_1,如图 3-5 所示。做法如下:

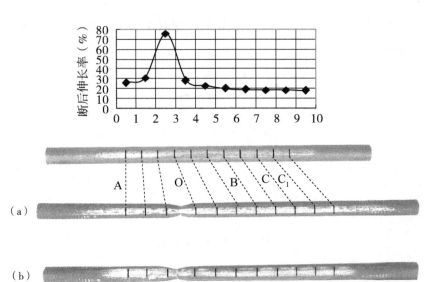

图 3-5 断口移中法示意

在拉断后的长段试件上,从断口起,取基本等于短段的格数得 B 点,如长段所余格数为偶数［见图 3-5（b）］,取其一半得 C 点,移位后

$$l_1 = AB + 2BC \qquad (3.9)$$

如长段所余格数为奇数［见图 3-5（a）］,则取所余格数减 1 的一半得 C,所余格数加 1 的一半得 C_1 点,移位后

$$l_1 = AB + BC + BC_1 \qquad (3.10)$$

拉伸试验断面的收缩率为

$$\psi = \frac{A_0 - A_1}{A_0} \times 100\% \qquad (3.11)$$

式中 A_1 为试件拉断后断口处的最小横截面积。由于断口不是规则的圆形,应在两个互相垂直的方向上量取最小直径,以其平均值计算 A_1。

(二) 铸铁拉伸试验

铸铁拉伸曲线如图 3-6（a）所示。可以看出,铸铁在拉伸过程中没有屈服现象,直线段也不显著。载荷达到最大值时,试件突然断裂,没有颈缩现象。它的延伸率远小于低碳钢的延伸率。以上就是低碳钢（塑性材料）和铸铁（脆性材料）的一部分不同之处。它们的断口如图 3-6（b）和图 3-6（c）所示。

图 3-6 铸铁拉伸曲线及拉伸试件断口

五、试验步骤

（一）低碳钢拉伸试验

（1）测量直径 d_0：在标距中央及两条标距线附近各取一截面进行测量，每截面沿互相垂直方向各测一次取其平均值，d_0 采用三截面中的最小平均值。确定标距 d_0，在试样上按标距 l_0 画好标距线，分成 n 等分（一般为 10 等分），用来为断口位置的补偿做好准备。

（2）调整试验机两夹头间位置。

（3）安装试件：将试件上端夹紧，下端暂不夹紧，试件荷载为零。

（4）安装电子引伸计。

（5）进行试验机、计算机设置：选择适当加载速度，输入材料、直径等参数，设置力、位移、变形的量程，并将它们的初读数置零（清零）。

（6）把试件下端夹紧，点击计算机屏幕上的开始键，开始拉伸试验。

（7）当计算机出现取下引伸计的提示时，快速取下引伸计。

（8）观察屈服现象，确定屈服极限荷载（P_{su}、P_{sl} 或 P_s）。

（9）观察强化过程及颈缩现象。

（10）试件拉断后，打印试验结果（包括 P_b、σ_b 等）及荷载–位移曲线。

（11）拆卸试件，测量拉断后标距的长度 l_1（需要时，采用断口移中法）和断口处的最小截面积 A_1，计算断后伸长率和断面收缩率。

（二）低碳钢冷拉试验（可选做）

在强化阶段任一处（例如图 3–7 中的 a 点）将载荷卸至初载，

再重新加载,从自动绘图器上曲线的变化规律可以看到,冷拉过的材料曲线上的转折点 a 高于未冷拉过的材料曲线的转折点 B,说明材料经过冷拉以后弹性极限提高了。

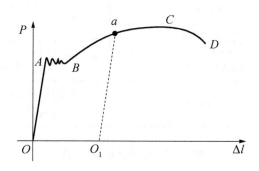

图 3-7 冷作硬化现象

(三) 铸铁拉伸试验

(1) 测定试件的直径,标距内用色笔画上分格线。

(2) 调整试验机夹头位置,装夹试件,试件上端夹紧、下端放松,试件不受荷载作用。

(3) 选定加载速度,设置有关试验量程、材料、直径等参数,并将力、位移、变形等参数置零,然后输入试验文件名。

(4) 将试件下端夹紧,点击向下图标,开始试验直至拉断,打印试验结果(P_b、σ_b 等)以及荷载-位移曲线。

(5) 取下试件,测取拉断后试件标距的长度 l_1。

(6) 清理现场,结束试验。

六、试验记录表格

以下给出本次试验的记录表格(见表 3-1、表 3-2、表 3-3),供参考。

表3-1 低碳钢拉伸试验记录

试验前			试验后		
原标距 l_0 (mm)			拉断后标距 l_1 (mm)		
平均直径 d_0 (mm)	上（2次，平均）		断裂处最小直径 d_1 (mm)	1	
	中（2次，平均）			2	
	下（2次，平均）			平均	
原始截面积 A_0 (mm^2)	最小值		断裂处截面积 A_1 (mm^2)		

表3-2 试验过程数据记录

上屈服载荷 P_{su} (kN)	下屈服载荷 P_{sl} (kN)	最大载荷 P_b (kN)	备注

表3-3 铸铁拉伸试验记录

试验前			试验后		
原标距 l_0 (mm)			拉断后标距 l_1 (mm)		
平均直径 d_0 (mm)	上（2次，平均）		断裂处最小直径 d_1 (mm)	1	
	中（2次，平均）			2	
	下（2次，平均）			平均	
原始截面积 A_0 (mm^2)	最小值		断裂处截面积 A_1 (mm^2)		

七、实验数据处理

实验测试数据的误差是不可避免的。在对实测数据进行计算时应取到适当的几位有效数字,位数太多没有实际意义,位数太少将损失精确度。根据国家标准 GB 228—2010,有关数据修约如下:

(1) 试件原始横截面积的计算值应修约到三位有效数字。

(2) 比例试件原始标距的计算值,短比例试件应修约到最接近 5 mm 的倍数,长比例试件应修约到最接近 10 mm 倍数。如为中间值,则向较大一方修约。

(3) 试件原始标距应精确到标称标距的 ±0.5%。

(4) 材料性能数据修约见表 1-1。

> **讨论题**
>
> (1) 低碳钢和铸铁在承受拉力作用时,力学性能有何不同?
>
> (2) 根据碳钢和铸铁拉伸试件的断口特征,分析其破坏的原因。
>
> (3) 低碳钢材料的 δ_5 和 δ_{10},哪一个大?为什么?

第二节 压缩试验

压缩试验是为了测定工程材料在受压时的力学性能。有的材料如混凝土、岩石、铸铁等,抗拉能力差,但它的抗压能力很好。这些材料,除了抗压强度 σ_{bc} 与抗拉强度 σ_b 不同之外,还有 E 值及破坏形式上也存在着压缩与拉伸的差别。因此,压缩试验同样是工程材料力学试验的重要内容之一。

一、试验目的

（1）测定铸铁压缩时的强度极限 σ_{bc} 和低碳钢的屈服极限 σ_{sc}。

（2）观察铸铁和低碳钢压缩时的变形和破坏形式，分析其破坏原因。

二、仪器设备与工具

（1）材料压力试验机。

（2）游标卡尺等。

三、试样制备与安装

金属压缩试件有圆柱体、正方形柱体、矩形板、带凸耳板状等几种形状。铸铁和低碳钢的压缩试件一般做成圆柱体。高度与直径的比 l/d_0 的大小会影响试验的结果。试件过于细长则易压弯，过于粗短则受两端摩擦力的影响大。为了确保试件处于单向压缩状态，以及试验结果具有可比性，国家标准《金属压缩试验方法》（GB/T 7314—2005）对侧向无约束试件做出了以下有关规定：

（1）$l = (1 \sim 2)d_0$ 试件仅适应于测定 σ_{bc}。

（2）$l = (2.5 \sim 3.5)d_0$ 试件适应于测定 σ_{sc}、σ_{bc}、σ_{pc}（规定非比例压缩应力）和 σ_{tc}（规定总压缩应力）。

（3）$l = (5 \sim 8)d_0$ 试件适应于测定 $\sigma_{pc0.01}$ 和压缩杨氏模量 E_c。

压缩试验时，试样的上下端面与试验机支承垫之间会产生很大的摩擦力，这些摩擦力将阻碍试样上部和下部产生横向变形，致使测量得到的抗压强度偏高，因而应采取措施（磨光或加润滑剂）减少上述摩擦力。为了减少摩擦力的影响，试件两端面应尽量光滑，相互平行，且与轴线垂直。试件安装在试验机上下压座之间，如图

3-8 所示。

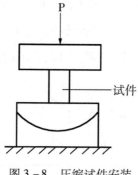

图 3-8 压缩试件安装

下承压座是一个球形承垫，如果试件两端面稍有不平行，则球形承垫可以产生调节作用，使压力通过试件的轴线，消除压缩载荷偏心的影响。

四、试验原理

（一）低碳钢压缩试验

低碳钢在压缩时的 $P-\Delta l$ 曲线如图 3-9 所示。在屈服之前，曲线与拉伸时相同；屈服之后的曲线就与拉伸的不同了。在弹性范围内，加载速率应控制在 1~10MPa/s。在明显塑性变形范围内，加载的应变速率应控制在 $(100 \sim 500) \times 10^{-6}$ mm/s 之间。材料受压屈服时，变形继续增大，载荷保持不变或出现波动，如图 3-9 所示。按图示的方法，读取各种情形下的压缩屈服载荷 P_{sc}，然后计算压缩屈服点。

$$\sigma_{sc} = \frac{P_{sc}}{A_0} \quad (3.12)$$

前面已指出，与试件轴线成 45℃斜截面上的剪应力是使材料发生滑移，即屈服的原因。由材料力学可知，无论试件横截面上的正应力是拉应力还是压应力，只要大小相同，则在45℃斜截面上产生的剪应力的大小都是相同的，因此 σ_{sc} 与 σ_s 应是相等或相近的。

屈服过后，试件变短，横截面积变大，$P-\Delta l$ 曲线继续上升，直至试件被压成饼状。因此低碳钢压缩试验不能测出其强度极限。

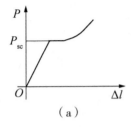 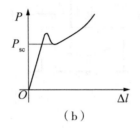 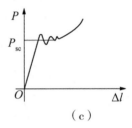

图 3-9　低碳钢压缩曲线

（二）铸铁压缩试验

铸铁压缩时的 $P-\Delta l$ 曲线呈非线性，如图 3-10 所示，这一点与铸铁拉伸时的曲线是相同的。所不同的是铸铁压缩到达强度极限载荷 P_{bc} 前出现较大变形，由原来的圆柱体变为腰鼓形或斜圆柱。抗压强度按下式计算：

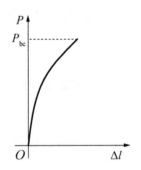

图 3-10　铸铁压缩试验曲线

$$\sigma_{bc} = \frac{P_{bc}}{A_0} \tag{3.13}$$

五、试验步骤

（1）测量试件尺寸：用游标卡尺对压缩试件上、中、下三处截面相互垂直面各测 2 次后取平均值，取它们中的最小值计算截面面积 A_0，同时测量试件的高度 l。

（2）调整试验机横梁位置，设置有关参数等。

（3）安放试件。

（4）按规定选择加载速度，然后加载试验。

（5）测量低碳钢试件时，注意观察，记下屈服载荷 P_{sc}，或在计算机屏幕上读取 P_{sc} 值；测量铸铁试件时，加载至破坏为止，记下最大载荷 P_{bc}。

六、记录表格

表 3-4 试验过程数据记录

材料	l (mm)	三截面平均直径 (mm)			A_0 (mm^2)	P_{sc} (kN)	P_{bc} (kN)
		上	中	下			
铸铁							
低碳钢							

七、整理试验结果

（1）计算压缩屈服极限 σ_{sc} 和压缩强度极限 σ_{bc}。

（2）按比例画出两种材料的压缩曲线，说明其特点，并与拉伸曲线进行比较。

> **讨论题**
>
> 比较低碳钢、铸铁的拉伸、压缩力学性能和断口形状，分析破坏原因。

第三节 剪切试验

工程中使用的构件或零部件，除了受到拉伸和压缩的应力 σ 作用之外，还受到剪切应力 τ 的作用。特别是那些由铆钉、销钉、螺栓连接的构件，如图 3-11 所示，其中连接螺栓等受到剪力的作用，它们的抗剪强度关系到构件的安全。因此，工程设计时不仅要考虑材料的抗拉强度和抗压强度，还要考虑材料的抗剪强度 τ_b。剪切试验就是为了测定材料的 τ_b 而进行的一种试验。

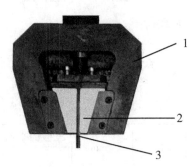

1—铆钉；2—螺栓；3—销钉

图 3-11 承受剪切的铆钉、销钉、螺栓

一、试验目的

（1）测定低碳钢的抗剪强度。

（2）观察破坏断口，分析破坏原因。

二、仪器设备与工具

（1）万能试验机、压力试验机。

（2）剪切夹具含试验座及压头。

（3）游标卡尺等。

三、试验原理

剪切试验有多种做法，图 3-12 至图 3-15 为其中常用的 4 种剪切试验原理图。

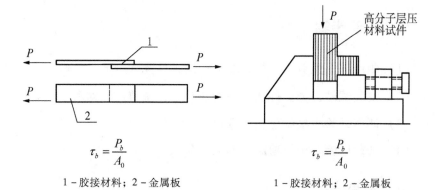

图 3-12 胶接材料拉伸剪切试验原理　　图 3-13 高分子材料压缩剪切试验原理

左: $\tau_b = \dfrac{P_b}{A_0}$　　1-胶接材料；2-金属板

右: $\tau_b = \dfrac{P_b}{A_0}$　　1-胶接材料；2-金属板

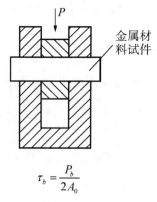
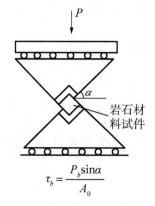

左: $\tau_b = \dfrac{P_b}{2A_0}$　　1-胶接材料；2-金属板

右: $\tau_b = \dfrac{P_b \sin\alpha}{A_0}$　　1-胶接材料；2-金属板

图 3-14 金属剪切试验原理　　图 3-15 岩石材料剪切试验原理

本次试验采用图 3-16 的装置，受试材料为低碳钢。

图 3-16 金属剪切夹具（含实验座及压头）

四、试验步骤

（1）测量试件受剪处直径，取平均值，计算 A_0。

（2）安装试件，把试件插入剪切块孔里，调节左右对称。

（3）调整试验机横梁位置，选择适当量程。

（4）加载试验，记下剪断时的最大荷载 P_b。

五、结果分析

根据试验所测得的 P_b 及试件受剪处的平均直径 d_0，计算 τ_b。

> **讨论题**
>
> （1）比较低碳钢 Q235 型钢 σ_b 和 τ_b 之间的比值。
>
> （2）观察低碳钢试件剪切断口，分析破坏原因。比较低碳钢拉伸破坏断口与剪切破坏断口。

第四节 低碳钢、铸铁扭转试验和 G 值测量

工程上的构件除了受到拉伸、压缩、剪切的载荷作用外，还受到扭矩的作用，像电机、发动机的轴以及一些曲杆构件，它们都承受着扭矩荷载的作用。为了更好地设计这些构件，必须掌握材料在扭矩作用下的力学性能。因此进行材料的扭转试验是工程材料力学试验的重要内容之一。

一、试验目的

（1）测定低碳钢的切变模量 G（也叫剪变模量，或剪切弹性模

量)。

(2) 测定低碳钢的剪切屈服极限 τ_s 和抗扭强度 τ_b。

(3) 测定铸铁的抗扭强度 τ_b。

(4) 比较低碳钢和铸铁的扭矩 - 转角曲线以及破坏特征。

二、仪器设备与工具

(1) 微机控制扭转试验机 ND - 500C 或其他扭转试验机。

(2) 扭角仪。

(3) 游标卡尺等。

三、试样

据国家标准《金属室温扭转试验方法》(GB 10128—2007)，圆形试样的形状和尺寸如图 3 - 17 所示。试样的头部及尺寸适合试验机夹持。推荐 $d_0 = 10$ mm, $l_0 = 50$ mm 或 100 mm, $l_c = 70$ mm 或 120 mm。如采用其他 d_0 值，则 $l_c = l_0 + 2d_0$。

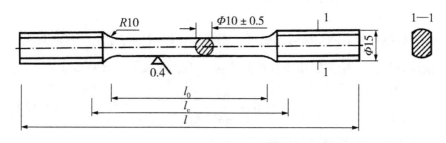

图 3 - 17　圆形扭转试样

圆形试样尺寸的测量应在标距两端及中间处的 2 个相互垂直的方向上各测一次直径，取其算术平均值。采用测量扭矩、扭转角以确定切变模量 G 时，计算式中的极惯性矩 I_p 应按 3 处测得的直径的平均值计算。抗扭强度 τ_b 测定，剪切屈服点 τ_s、τ_{su}、τ_{sl} 测定，以及规定非比例扭转应力 τ_p 测定，它们所涉及的截面系数 W，则按在 3 处测得的平均直径中的最小值计算。

四、试验原理

低碳钢的扭矩-扭角曲线如图 3-18（a）所示。在弹性直线段，扭矩 T 作用下的扭转变形为：

$$\varphi = \frac{Tl_0}{GI_p} \tag{3.14}$$

圆截面上的剪应力 τ 的分布如图 3-18（b）所示。

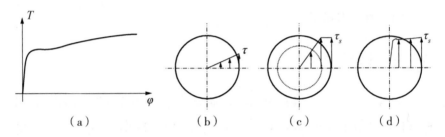

图 3-18 扭转试验曲线及截面上的应力分布

（一）切变模量 G 测定

根据国家标准，G 的测定可用图解法，即根据记录的 $T-\varphi$ 曲线，读取直线段上相应的扭矩和扭角增量，然后代入下式计算 G 值：

$$G = \frac{\Delta T \cdot l_e}{\Delta \varphi \cdot I_p} \tag{3.15}$$

式中 l_e 为安装扭角仪的标距。

除图解法外，还可用逐级加载法测定 G。试验时，对试样施加预扭矩，预扭矩一般不超过预计的规定非比例扭矩 $T_{p0.015}$ 的 10%。安装上扭角仪（见图 3-19），并调整读数，或记下此时的 φ 角初读数 φ_0，它与预加扭矩 T_0 相对应。在弹性直线段范围内，取 T_n 为最大试验扭矩，将欲加之扭矩分为 n 等分，$n \geq 5$，即每级扭矩增量为：

$$\Delta T = \frac{T_n - T_0}{n} \tag{3.16}$$

记录每级扭矩 $T_i = T_0 + i\Delta T$ 及对应的扭角 φ_i，读取每对数据对的时间以不超过 10 s 为宜。计算出平均每级扭角增量：

$$\Delta \varphi_m = \frac{\sum_{i=1}^{n} \Delta \varphi_i}{n} = \frac{\sum_{i=1}^{n} (\varphi_i - \varphi_{i-1})}{n} = \frac{\varphi_n - \varphi_0}{n} \tag{3.17}$$

将式（3.16）和（3.17）代入式（3.15），得

$$G = \frac{\Delta T}{\Delta \varphi_m} \cdot \frac{l_e}{I_p} = \frac{T_n - T_0}{\varphi_n - \varphi_0} \cdot \frac{l_e}{I_p} \tag{3.18}$$

在测出各组 T_i、φ_i 值后，也可用最小二乘法求出 G，做法与求 E、μ 的方法相同，不再重复。

以上是用测量扭角 φ 的方法来确定 G，除此之外，也可用电阻应变片测量应变的方法测出 G 值（沿与轴向成 45°方向贴片），有兴趣的同学可自行推导其测试原理。

图 3-19　扭角仪的安装

（二）低碳钢剪切屈服极限 τ_s 和抗扭强度 τ_b 测定

在加载的全过程中，可用计算机自动绘出 $T-\varphi$ 曲线。在比例极限内，T 与 φ 成线性关系，横截面上的剪应力与剪应变 γ 也成线性关

系，如图 3-18（b）所示。当 T 继续增大，横截面边缘的剪应力首先达到剪切屈服极限 τ_s，T-φ 曲线开始转弯。塑性区逐渐向圆心扩展，形成环形塑性区，而中心区仍是弹性的，如图 3-18（c）所示。因此扭矩 T 仍可继续上升。当整个截面进入塑性区时，如图 3-18（d）所示，则 T-φ 曲线出现平台，这时相应的扭矩为 T_s，并且：

$$T_s = \int_A \tau_s \rho \mathrm{d}A = \frac{4}{3}\tau_s W$$

于是

$$\tau_s = \frac{3}{4} \cdot \frac{T_s}{W} \qquad (3.19)$$

屈服阶段过后，随着扭角 φ 在继续增加，扭矩 T 也在缓慢增加，这是材料强化所带来的效果。在这个阶段，试验之前画的纵向直线变成螺旋线。加载直至扭矩达到极限值 T_b，试件被扭断，相应的剪切强度极限为：

$$\tau_b = \frac{3}{4} \cdot \frac{T_b}{W} \qquad (3.20)$$

这里应当指出，为使测定结果具有可比性，国家标准 GB 10128—2007 中，统一规定 τ_s、τ_b 以及规定非比例扭转应力 τ_p 的计算式为：

$$\tau_s = \frac{T_s}{W} \qquad (3.21)$$

$$\tau_b = \frac{T_b}{W} \qquad (3.22)$$

$$\tau_p = \frac{T_p}{W} \qquad (3.23)$$

（三）铸铁抗扭强度的测定

铸铁属脆性材料，扭转变形很小时就被扭断，其 T-φ 曲线如图

3-20 所示，由于 $T-\varphi$ 曲线近乎一直线，所以 τ_b 可按线弹性公式计算，即式（3.20）。

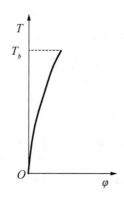

图 3-20 铸铁扭转试验曲线

碳钢、铸铁扭转断口如图 3-21 所示。

（a）碳钢　　　　　　　　　　（b）铸铁

图 3-21 碳钢（a）、铸铁（b）扭转断口

五、试验步骤

（1）测量试件尺寸，方法如前所述。

（2）调整试验机夹头位置，装夹试件，转动夹头暂不夹紧，试件不受扭矩作用。

（3）进入 PowerTest 软件，选择试验方案，进行计算机设置，选择扭矩、转角、量程和加载速度，输入文件名等，然后将 T、φ 的初始读数设置为零。根据国家标准 GB 10128—2007 规定，试件屈服前扭转速度为 3°～30°/min，屈服后不大于 720°/min。

（4）夹紧试件。

(5)点击"运行",开始加载试验。对于低碳钢试件,首先做 G 值测试。然后记录 $T-\varphi$ 曲线,注意 T_s、T_b 及总扭角 φ 的值。对于铸铁试件,记录 $T-\varphi$ 曲线,注意 T_b 及总扭角 φ 的值。

(6)试件被扭断,试验机自动停机,注意观察试样破坏断口形貌。计算机打印试验结果($T_s, T_b, \tau_s, \tau_b, \varphi$ 等)及 $T-\varphi$ 曲线。

六、记录表格

表3-5 试件直径量测记录

材料	截面1（mm）			截面2（mm）			截面3（mm）			3处截面的平均直径（mm）	3处截面中平均直径最小值（mm）
	1	2	平均	1	2	平均	1	2	平均		
低碳钢											
铸铁											

表3-6 G 值测量记录表

	T_0	T_1	T_2	T_3	T_4	T_5	T_6
扭矩（N·m）							
位移 δ（mm）							
扭角 φ（rad）							
扭角增量（rad）							

讨论题

(1)比较低碳钢和铸铁试件受扭破坏的断口,分析破坏原因。

(2)根据低碳钢、铸铁的拉、压、扭试验结果,综合分析这两种材料的力学性能。

第五节 冲击试验

工程上的许多构件在工作时会受到冲击荷载的作用,如车辆在凹凸不平的路面上高速行驶,飞机降落至跑道时,发动机在爆炸冲程时,防弹衣遇上子弹时,以及运行中的齿轮在离合时,都不可避免受到冲击载荷的作用。众所周知,冲击会造成机件的损坏,以致发生事故。为了掌握材料在冲击载荷作用下的力学性能,必须进行冲击试验。在工程上,一般采用"冲击吸收功"来衡量材料抵抗冲击破坏的能力。冲击吸收功的值除了与材料本身的品质、晶粒大小有关外,还与试验的温度有关。为了正确测试材料受冲击时的力学性能,必须根据国家标准进行冲击试验。冲击试验有多种方法(简支梁冲击、悬臂梁冲击、拉伸冲击),本次试验采用金属夏比缺口冲击试验方法,见国家标准 GB/T 229—2007。

一、试验目的

(1)测定中碳钢和铸铁的冲击吸收功 A_{kv},掌握常温下金属冲击试验的方法。

(2)比较两种材料的冲击断口和抗冲击能力。

二、仪器设备与工具

(1)冲击试验机(JB-300B 或其他型号)。

(2)游标卡尺。

三、试样制作

根据国家标准《金属夏比缺口冲击试验方法》(GB/T 229—

2007），试样的外形尺寸如图 3-22 所示（单位：mm）。

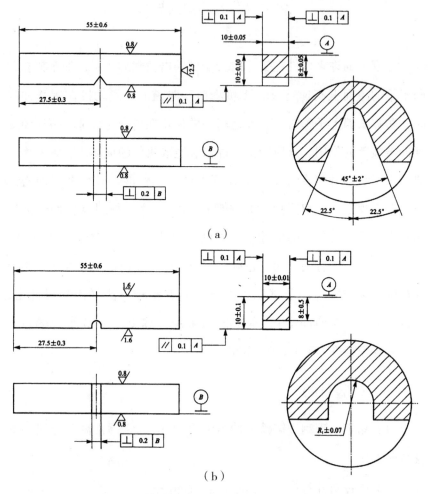

图 3-22 夏比 V 形（a）、U 形（b）缺口试样

四、试验原理

把冲击试件放在试验机的支座上，冲击机摆锤从高度 H 自由落下，冲断试件后，剩余能量使摆锤继续向前，并升起至高度 H_1，试件被冲断所吸收的功为：

$$A_{kv} = Q(H - H_1) - W_2 \tag{3.24}$$

式中 Q 为摆锤重量，W_2 为摆锤在下落和摆起时克服空气阻力、轴承摩擦所消耗的功。冲击试验机刻度盘上的标尺读数，是按式（3.24）刻画出来的，并可调节拔杆，使没装上试件空打时指针示值为 0J。因此，冲断试件时试件所吸收的功 A_{kv} 可直接从刻度盘指针处读出，单位为 J。

在冲击试件上制作 V 形缺口是为了研究材料在截面面积急剧变化而产生高度应力集中的情况下抵抗冲击的能力和产生脆化的情况。许多承受冲击载荷的实际构件表面带有类似的 V 形缺口，如连接螺栓带有螺纹缺口。在摆锤冲击下，试件由 V 形缺口处折断。试件断口形状如图 3-23 所示。

图 3-23 铸铁（左）和中碳钢（右）试件断口形状

五、试验步骤

（1）记录试验时的室温。因为 A_{kv} 对温度的变化也很敏感，当温度降低至某一区域时，材料会出现冷脆性，导致 A_{kv} 骤然下降。不同的材料有不同的韧脆转变温度。根据国家标准 GB/T 229—2007 规定，室温冲击试验应在 10℃~35℃ 内进行，对温度要求严格的冲击试验应在 (20±2)℃ 内进行。

（2）测量试件尺寸。

（3）试验机空打一次，检查指针是否指零。如不指零，可调节拔杆位置，使空打时指针指零。

(4) 按"取摆"按钮,摆锤自动升起。

(5) 安放中碳钢冲击试件,放置方向如图3-24所示,并把指针拨至最左边。

(6) 按"脱销"按钮,保护销缩回。

(7) 按"冲击"按钮,摆锤下落。冲击试件后又会自动回摆升起至原来的高度,准备下一次的冲击。

(8) 读取冲击吸收功后,再将指针拨至最左边。

(9) 安放铸铁冲击试件,再重复步骤(6)和(7)。

(10) 按"脱销"按钮,再按"放摆"按钮,直至摆锤下降至垂直位置时松开按钮,结束试验。

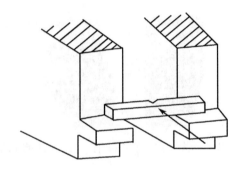

图3-24 试样放置方向示意

六、注意事项

(1) 操作人员必须认真负责,注意安全。

(2) 摆锤摆动范围内,严禁人员进入,严禁放置障碍物。

讨论题

分析比较中碳钢和铸铁在冲击载荷作用下所表现的力学性能和破坏特征。

第六节　疲劳试验

在工程上，有些构件处于交变应力（即随时间而作周期性交替变化的应力）的作用下，如各种发动机的转轴、车辆的轮轴、钢轨以及各种减振弹簧等。虽然这些构件的实际应力水平远小于它的强度极限，但是也会发生突然断裂。即使是塑性性能较好的材料，在断裂前也无明显的塑性变形，这种现象称为疲劳失效。正因为这种疲劳失效在破坏前一般看不出任何征兆，而破坏又往往在运行中突然发生，所以易造成重大事故。由此可见，测定材料的持久极限就具有十分重要的实际意义了。疲劳试验有轴向、弯曲、扭转等多种方法，本次试验采用旋转弯曲疲劳试验方法，参见国家标准 GB 4337—84。由于疲劳试验需要 13 根以上的试件才能测定条件疲劳极限，而且做完这些试件的试验需要多天的时间，因此，本次试验为演示试验。

一、试验目的

（1）了解测定材料疲劳极限的方法。

（2）观察已疲劳失效试件的断口特征。

二、仪器设备与工具

（1）纯弯曲疲劳试验机 PQ‑6 或 JNT‑110572 型电液伺服动静态万能试验机。

（2）游标卡尺。

三、试验原理

根据国家标准 GB 4337—84 的要求制作加工试件，然后把试件装夹在PQ-6试验机的两夹头上，在悬挂砝码的重力P作用下，试件受到纯弯曲的作用。电动机带动试件旋转，每转一圈，试件上的应力就产生一个交变循环，如图3-25所示。

电液伺服动静态疲劳试验机系列试验机主要用于测试各种金属非金属（高强塑料橡胶件密封件等）、复合材料以及零部件的动静态力学性能实验，可以进行拉伸、压缩、动态高周疲劳、程控疲劳、低周疲劳、断裂力学以及静态的恒变形速率、恒负荷速率和各种常规的力学性能试验。配上相应附件可以进行疲劳裂纹扩展、模拟实际工况以及高低温力学性能等试验。

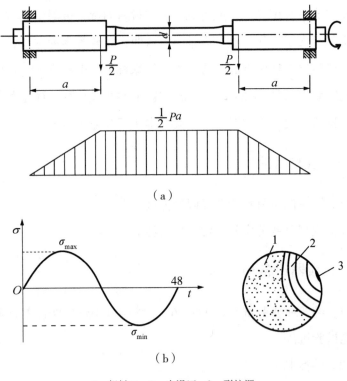

1-粗糙口；2-光滑区；3-裂纹源

图3-25 纯弯曲疲劳试验原理

在交变应力循环中，最小应力和最大应力的比值

$$R = \frac{\sigma_{\min}}{\sigma_{\max}} \quad (3.25)$$

称为循环特征或应力比。在规定应力或应变的作用下，材料失效前所经受的循环次数 N 叫作材料在规定应力或应变下的疲劳寿命。显然，在同一 R 值下，$\sigma_{\max}$ 越大，疲劳寿命越短；$\sigma_{\max}$ 越小，则疲劳寿命越长。表示最大应力 $\sigma_{\max}$ 与寿命 N 的关系曲线叫作 $S-N$ 曲线或应力 - 寿命曲线，如图 3 – 26 所示。

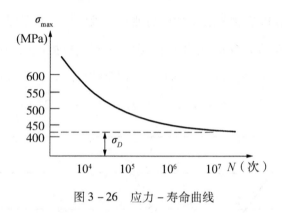

图 3 – 26　应力 – 寿命曲线

黑色金属的试样在经过 10^7 循环后仍未失效的话，则再增加循环的次数也不会失效。因此，我们把经受 10^7 循环而仍未失效的最大应力称为持久极限，把 10^7 称为循环基数，即 $N_c = 10^7$。

有色金属的 $S-N$ 曲线在 N 很大时往往仍然继续下降而未趋于水平，因此，对这类材料只能规定一定的循环次数作为循环基数，通常 $N_c \geqslant 10^7$，把经受 N_c 次循环而未疲劳破坏的最大应力称为条件疲劳极限。

实验测定材料疲劳极限 σ_D 和条件疲劳极限 $\sigma_{R(N)}$ 时采用升降法，并且规定：σ_D 为当 N 为无穷大时的中值疲劳强度，对钢铁材料，一般取 $N = 10^7$ 次；$\sigma_{R(N)}$ 为对应于规定循环次数的中值疲劳强度。

四、升降法测定条件疲劳极限

采用升降法测定条件疲劳极限，有效的试样数量在 13 根以上。应力增量一般为预计的条件疲劳极限的 3%～5%。试验一般在 3～5 级应力水平下进行。第一根试样的应力应取略高于预计的条件疲劳极限。根据上一根试样的试验结果（破坏或通过），决定下一根试样的应力（降低或升高一级），直至完成全部试验。第一对相反结果以前的数据，如在以后试验数据的应力波动范围之外，则予以舍弃；如在以后试验数据的应力波动范围内，则作为有效数据加以利用，即在试验过程中应陆续将它们平移到第一对相反结果之后，作为该试样所在应力水平下的第一个有效数字。试验过程如图 3-27 所示。

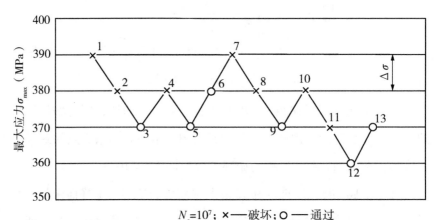

图 3-27 升降法试验

注：第 7 次的结果是把第 1 次的试验结果平移过来的。

试验完成后，把结果代入下式计算条件疲劳极限的值。

$$\sigma_{R(N)} = \frac{1}{m} \sum_{i=1}^{p} V_i \sigma_i \quad (3.26)$$

式中 m 为有效试验的总次数（破坏或通过数据点均计算在内）；p 为试验应力水平级数；σ_i 为第 i 级应力水平；V_i 为第 i 级应力水平下的试

验次数；$i = 1,2,\cdots,p$。

显然，用式（3.26）计算出的 $\sigma_{R(N)}$ 是以试验次数为权的加权应力平均值。由统计分析可知，$\sigma_{R(N)}$ 存活率为 50%，即疲劳寿命高于规定值的占 50%。如要获得不同存活率的条件疲劳极限，则应根据实验结果进行数理统计分析，然后才能给出任一存活率的条件疲劳极限。

五、$S-N$ 曲线的测定方法

测定 $S-N$ 曲线时，通常至少取 4～5 级应力水平。用升降法测得的条件疲劳极限作为 $S-N$ 曲线的低应力水平。其他 3～4 级较高应力水平下的试验，则采用成组试验法，每组试样数量的分配，取决于试验数据的分散度和所要求的置信度，并且随应力水平的降低通常要增加试样根数，一般一组试件为 5 根左右。试验的结果如图 3-28 所示。这样的中值 $S-N$ 曲线，存活率也是 50%。

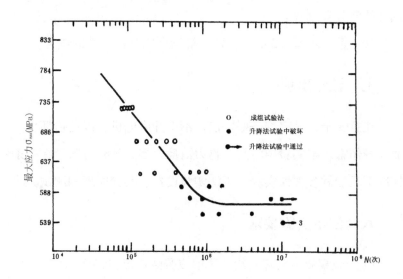

图 3-28　$S-N$ 曲线（选自国家标准 GB 4337—84）

要测绘某种金属材料的 $S-N$ 曲线，需要 13 根以上标准光滑小试样，设定五级应力水平，测出一系列交变最大应力 σ_{max} 和相应寿命 N 的数据，用最佳拟合法绘制 $S-N$ 曲线。试验过程中对各级应力水平要精心选择，以便用尽量少的试样获得较理想的测试结果。

六、试验步骤

（1）检查试件及量测试件尺寸。

（2）试验机试运行，空转，检查是否正常。

（3）装夹试件。检查静态主轴径向跳动量不得大于 0.03 mm，加载间距为（150±1）mm，空载正常运行时在加力部位的径向跳动量不得大于 0.06 mm。

（4）加载之前开动电机，然后转动加载手轮，把荷载平稳地加上去，紧接着记下转数计的初读数。

（5）试件疲劳断裂，试验机自动停机，记下转数计的末读数。将末读数减去初读数后乘以 100 便得出相应这一级应力水平下的这一根试件的疲劳寿命 N。

（6）重复步骤（3）～（5），继续做完其他试件的试验。

七、注意事项

注意安全，没有准备好之前，不得开启电机，以免损坏机器及造成人身伤害。本实验因时间、物力消耗太多，学时有限，在有条件的情况下只能做参观性实验，了解实验设备、实验原理和测试方法。

八、演示实验要求

（1）观察疲劳破坏实物，了解疲劳断口形貌特征。

（2）观看高频疲劳试验机，了解其工作原理；观看轴向拉压疲劳试样，了解其安装方式；开启电源，观察试样承受拉、压交变载荷时的情况。

第七节　金属材料布氏、洛氏硬度试验

硬度是材料的一种力学性质，它反映材料抵抗较硬物体压入的能力。在工程上，如金属热处理部分渗碳层、混凝土振捣器头部的机件、传动齿轮表层等都需进行硬度测试，以检验其硬度值是否达到要求范围。硬度高的材料，其抵抗硬物压入而产生弹性变形、塑性变形和破坏的能力也高。硬度试验一般可分为压入法、弹跳法和刻画法。本次试验采用压入法。

一、试验目的

测定原钢材的布氏硬度值和经热处理后钢材的洛氏硬度值。

二、仪器设备与工具

（1）布洛维硬度计 HPI1875。
（2）读数显微镜 JC5。

三、试验原理及表示方法

（一）布氏硬度

布氏硬度试验是用一定直径 D（mm）的钢球或硬质合金球，以相应的试验力 P 压入试件表面，经规定保持时间后，卸除试验力，测量试件表面的压痕直径 d（mm），然后按下式计算布氏硬度值。当 P 的单位为 kgf 时：

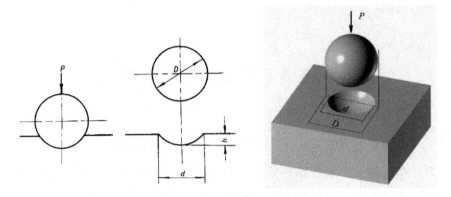

图 3-29　布氏硬度试验原理

$$HB = \frac{P}{A} = \frac{2P}{\pi D(D - \sqrt{D^2 - d^2})} \quad (3.27)$$

式中 A 为压痕的表面积。

当 P 的单位为 N 时：

$$HB = 0.102 \times \frac{2P}{\pi D(D - \sqrt{D^2 - d^2})} \quad (3.28)$$

为了区分布氏硬度试验时所采用的压头种类，布氏硬度试验规定：

HBS 表示压头为钢球，适用于布氏硬度值小于 450 以下的材料。HBW 表示压头为硬质合金球，适用于布氏硬度值小于 650 以下的材料。

HBS 或 HBW 之前的数字为硬度值，之后的数字依次为球体的直径（mm）、试验力（kgf）和试验力保持时间（s），保持时间在 10～15 s 时不标注，如 $220HBS2.5/187.5$。

试验时所加的力 P 及保持时间应按表 3-7 中的规定进行。加载时间为 2～8 s，在 P/D^2 等于同一常数的前提下，所得的试验的结果具有可比性。

表 3-7　不同金属材料硬度试验

材料	布氏硬度	P/D^2（P 的单位为 kgf 时）或 $0.102P/D^2$（P 的单位为 N 时）	保持时间（s）
钢、铸铁	<140 ≥140	10 30	10～15
铜及其合金	<35 35～130 >130	5 10 30	60±2 30±2 30±2
轻金属及其合金	<35 35～80 >80	2.5（1.25） 10（5 或 15） 20（15）	60±2 30±2 30±2
铝、锡	<35 ≥35	1.25（1）	60±2 30±2

试验研究的结果表明，金属的硬度和其他力学性能指标有一定的关系，如钢的拉伸强度极限 σ_b 与布氏硬度 HB 有如下关系：

$$\sigma_b = 3.62HB(\text{MPa}) \quad (HB < 175)$$

$$\sigma_b = 3.45HB(\text{MPa}) \quad (HB > 175)$$

（二）洛氏硬度

在初始试验力 F_0 及总试验力 $F_0 + F_1$ 的先后作用下，将压头（金刚石圆锥体或钢球）压入试样表面，经规定保持时间后，卸除主试验力 F_1，用测量的残余压痕深度的增量 h（mm）来计算洛氏硬度值，即

$$HR = C - \frac{h}{n} \quad (3.29)$$

式中 C 为常数。当用金刚钻圆锥体压头时，$C = 100$；当用钢球压头时，$C = 130$。$n = 0.002$ mm（常数）。洛氏硬度用 HR 表示，HR 前面的数字为硬度值，HR 后面的数字为使用的标尺，如 50 HRC。试验过

程如图 3-30 和图 3-31 所示。

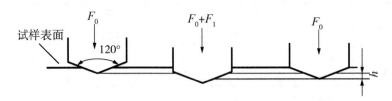

图 3-30　用金刚石圆锥压头加力过程示意

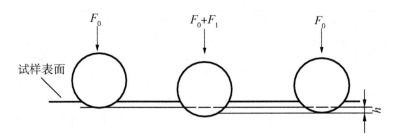

图 3-31　用钢球压头加力过程示意

根据国家标准《金属洛氏硬度试验方法》(GB/T 230—91)，试验应按表 3-8 中的规定进行。

表 3-8　金属洛氏硬度试验

洛氏硬度标尺	硬度符号	压头类型	初始试验力 F_0	主试验力 F_1	总试验力 F	洛氏硬度范围
A	HRA	金刚石圆锥	98.07N	490.3N	588.4N	20~88HRA
B	HRB	1.5875 mm 钢球	98.07N	882.6N	980.7N	20~100HRB
C	HRC	金刚石圆锥	98.07N	1.373kN	1.471kN	20~70HRC
D	HRD	金刚石圆锥	98.07N	882.6N	980.7N	40~77HRD
E	HRE	3.175 mm 钢球	98.07N	882.6N	980.7N	70~100HRE
F	HRF	1.5875 mm 钢球	98.07N	490.3N	588.4N	60~100HRF
G	HRG	1.5875 mm 钢球	98.07N	1.373kN	1.471kN	30~94HRG
H	HRH	3.175 mm 钢球	98.07N	490.3N	588.4N	80~100HRH
K	HRK	3.175 mm 钢球	98.07N	1.373kN	1.471kN	40~100HRK

施加主试验力的时间为 2～8 s。总试验力加上后保持的时间应以示值指示器指示基本不变为准。总试验力保持时间推荐如下：

对于施加主试验力后，不随时间继续变形的试样，保持时间为 1～3 s。

对于施加主试验力后，随时间缓慢变形的试样，保持时间为 6～8 s。

对于施加主试验力后，随时间明显变形的试样，保持时间为 20～25 s。

四、试验步骤

(1) 选择试验所需的压头，安装到硬度计上。

(2) 按硬度计上箭头指示的转向，旋转载荷变换旋钮，选择所要施加的总试验力。

(3) 接通电源，把试样安放在支承台上。

(4) 转动升降手轮，使试样压头接触。继续缓慢转动手轮，试样继续升高，使投影屏上的标尺红色刻度"100"在基准线附近。然后旋转投影屏下的微调旋钮，使基准线与刻度"100"重合。这时初载荷 98.1 N 已加上。

(5) 把手柄推向加载位置，则主载荷已加上。

(6) 保持一段规定的时间，然后把手柄拨回卸载位置，则主载荷卸去。

(7) 如果是洛氏硬度试验，则可以从投影屏上读取相应的硬度值。

(8) 降下支承台，取出试样。如果是布氏硬度试验，则用读数显微镜读取压痕直径，然后计算或查表求出硬度值。

第八节 显微硬度试验

在工程上需要了解和掌握许多精细的或片状的小零件的硬度值,但不能用前面所讲的施加数百至上千牛顿荷载的方法,而只能采用试验力很小的显微硬度试验方法。需要做这种显微硬度试验的还有电镀层、氮化层、渗碳层和氰化层的表面硬度,以及玻璃、陶瓷、玛瑙等脆性材料和其他非金属的硬度。因此,显微硬度试验是工程材料硬度试验的一个重要组成部分。

一、试验目的

(1)掌握显微硬度的测试方法。
(2)测定玻璃的硬度。

二、仪器设备与工具

显微硬度计(HX-500型)。

三、试验原理

将相对面夹角为136°的正四棱锥体金刚石压头以选定的试验力 F(单位 N)压入试样表面,经规定保持时间后,卸去试验力,测量压痕两对角线长度,取其平均值 d(单位 mm),代入下式求出显微维氏硬度值:

$$HV = 0.102 \times \frac{F}{A} = 0.102 \times \frac{2\sin\frac{136°}{2}}{d^2}F = 0.1891 \times \frac{F}{d^2}$$

(3.30)

式中 A 为正四棱锥体压痕的表面积；系数 0.102 是因为力的单位由原来的 kgf 改为 N 后而设的，使所测得的同一试件硬度值不因力单位的改变而不同。

试验的原理如图 3-32 所示。

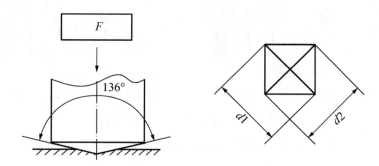

图 3-32　显微维氏硬度试验原理

显微维氏硬度的表示方法：符号 HV 前面的数字为硬度值，HV 后面的数值依次为试验力（单位为 kgf，将其乘以 9.807 转换为 N）和试验保持时间（10～15 s 不用标注），如 480 HV0.1/30。

四、试验步骤

（1）安放试样，要求平稳。

（2）打开电源。

（3）把工作台轻轻移至左端，调节焦距，直至清晰看见试样表面为止。

（4）把工作台轻轻移至右端，使试样处在金刚石角锥体下面。移动要求缓慢平稳，不得冲击。

（5）选择所需荷载及保荷时间，再按键"S"，启动电动机进行加载试验。从压头下降、加载时间、保荷时间至压头升起卸荷全过程，都由程序控制的微型电动机自动完成。

（6）将工作台轻轻扳回原来左边位置，测量压痕对角线长度，如

图 3-33 所示。

(7) 重复 (4)～(6) 步骤，测取 3 个点以上的硬度值。

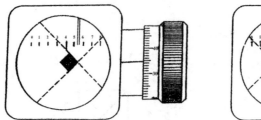
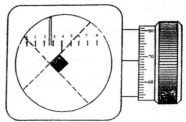

瞄准压痕右端，读数为5.346 mm　　瞄准压痕左端，读数为2.685 mm

图 3-33　压痕对角线长度测量方法

注：两读数相减后除以物镜放大倍数40，即为压痕对角线长度。

五、注意事项

（1）试样表面应光滑，保证压痕对角线能精确地测量出来。

（2）金属试样的厚度至少为压痕对角线平均长度的1.5倍。压痕与试样边缘的距离，按不同材料的规定，不得小于所规定的值（见国家标准 GB/T 4342—91）。

（3）试验结果修约至三位有效数字。

第四章　电测法基本原理

电测法的基本原理是用电阻应变片随构件受力变形而产生的电阻变化来测定构件表面应变,再根据应变-应力关系确定构件表面应力状态的一种实验应力分析方法。由于电阻应变仪测量应变具有很高的精度（10^{-6}）,所用的传感元件很小（标距可小至 0.2 mm）,测量范围广泛,包括土木结构工程、机械工程、交通车辆、航空、航海等的不同环境下的静动态应变测量,以及便于与电子计算机联机进行自动化数据采集和处理等的优点,因此,在实验应力分析中,电测法是应用最广和最有效的方法之一。

第一节　电阻应变片

一、电阻应变片类型

现行应变片产品的种类很多。从几何组成来分,有单片形式的应变片,还有各种各样的应变片;从使用环境来分,有常温下使用的应变片,还有高温下及各种特殊环境下使用的应变片;从测试功能来分,有普通应变测量用的应变片,还有特殊功能的应变片;从制作及用料来分有丝绕式应变片、箔式应变片和半导体应变片三种（见图 4-1）。

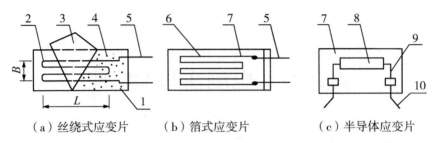

（a）丝绕式应变片　　（b）箔式应变片　　（c）半导体应变片

1—基底；2—敏感栅；3—覆盖层；4—黏结剂；5—引出线；6—金属箔栅；7—胶膜基底；
8—半导体；9—内引线；10—外引线

图 4-1　电阻应变片外形

（一）丝绕式应变片

这种应变片一般采用直径为 0.01～0.05 mm 的镍铬合金或镍合金的金属丝绕制成栅状、称为敏感栅，贴在两层薄纸片（或塑料片）中，两端用直径为 0.1～0.2 mm 的镀银铜线引出，以供测量时焊接导线之用。其构造如图 4-1（a）所示。这类应变片敏感栅的横向部分呈圆弧形，其横向效应较大，故测量精度较差，而且端部圆弧部分制造困难，形状不易保证，同一批片之中，其性能分散性较大，还由于耐温、耐湿性能不好，现已被其他类型的应变片取代。

（二）箔式应变片

这种应变片的敏感栅是用厚度为 0.002～0.008 mm 的铜镍合金或镍铬合金的金属箔，采用刻制、制版、光刻及腐蚀等工艺过程而制成，简称箔式应变片，如图 4-1（b）所示。由于制造工艺自动化，可大量生产，从而降低了成本，还能把敏感栅制成各种形状和尺寸的应变片，尤其可以制造栅长很小的应变片，以适应不同测试的需要。箔式应变片还具有以下诸多优点：制造过程中敏感栅的横向部分能够做成较宽的栅条，降低了横向效应；由于栅箔薄而宽，因而粘贴牢固,整体散热性能好、疲劳寿命长;能较好地反映构件表面的变形,使其测量精度高;同一批量应变片性能比较稳定可靠。因此,箔式应变片在工程上得到广泛的使用。

(三) 半导体应变片

这种应变片的敏感栅是由锗或硅等半导体材料制成,如图4-1(c)所示。通常用单晶硅的一直条形作为敏感栅,在同等的应变下,其电阻的相对改变量比前述两种应变片都要大很多,用数字式欧姆表就能测出它的电阻变化,因此,可作为高灵敏度传感器的理想敏感元件。

此外,还有很多专用应变片,如剪切应变片、多轴应变片(应变花)、高温应变片、残余应力应变片等。

二、应变片工作原理

电阻应变片的工作原理是电阻应变效应,由实验得知:

$$\frac{\Delta R}{R} = K\varepsilon \qquad (4.1)$$

式中 R 是电阻应变片的电阻值,ΔR 是电阻应变片在轴向应变 ε 作用下的电阻改变量,K 为电阻应变片的灵敏系数。

现以单根电阻丝为例说明其工作原理。根据物理学可知,单根丝的电阻 R 与其长度 l 成正比,与其截面积成反比,并与它的电阻率 ρ 有关,它们的关系为

$$R = \rho \frac{l}{A} \qquad (4.2)$$

如果电阻丝沿其轴线发生变形,则电阻值也随之改变,这一物理现象称为电阻应变效应。为得到两者之间的关系,将式(4.2)取对数,然后微分得

$$\frac{dR}{R} = \frac{dl}{l} - \frac{dA}{A} + \frac{d\rho}{\rho} \qquad (4.3)$$

式中 $\frac{dl}{l}$ 表示电阻丝长度的相对变化，它可用应变表示，即

$$\frac{dl}{l} = \varepsilon \qquad (4.4)$$

电阻丝处于单向受力状态，它的截面面积的相对变化与式 (4.4) 之间的关系可根据泊松效应表示为

$$\frac{dA}{A} = 2(-\mu \frac{dl}{l}) = -2\mu\varepsilon \qquad (4.5)$$

式中 μ 为泊松比。

将式 (4.3) 代入式 (4.5)，得

$$\frac{dR}{R} = \frac{dl}{l} - \frac{dA}{A} + \frac{d\rho}{\rho} = \varepsilon + 2\mu\varepsilon + m(1-2\mu)\varepsilon$$
$$= [1 + 2\mu + m(1-2\mu)]\varepsilon = K_0\varepsilon \qquad (4.6)$$

式中 K_0 为电阻丝灵敏系数，一般由制造厂在成品时标明，m 为一个与材料及加工方式有关的常数。电阻应变片是由多根平行电阻丝组成的，根据式 (4.6)，就不难理解式 (4.1) 了。

半导体应变片的敏感栅为半导体，其灵敏系数 $K = 100 \sim 150$，比一般的电阻应变片的灵敏系数（$K = 2.1$）大得多，可用于制作高灵敏度的传感器。

使用应变片时，将应变片用特殊的胶水粘贴在测点处，随试件共同变形。若试件贴片处沿电阻丝方向发生线变形时，电阻丝也随着一起变形（伸长或缩短），从而引起应变片的电阻产生相对变化，并且在一定应变范围内，电阻丝的电阻变化率与应变变化率成正比。因此，由式 (4.6) 可知，通过应变片可以将测量应变量 ε 的问题转化为测量电阻改变量 ΔR 的问题。而电阻改变量 ΔR 可接入适当的电路中，它将引起电信号的变化，经过放大、处理后，便能测定该信号并

转换成应变 ε 显示出来。

第二节　测量电桥的基本特性

一、电桥的基本特性

通过电阻应变片可以将试件的应变转换成应变片的电阻变化，通常这种电阻变化很小。测量电路的作用就是将电阻应变片感受到的电阻变化率 $\frac{\Delta R}{R}$ 变换成电压（或电流）信号，再经过放大器将信号放大、输出。测量电路有多种，惠斯登电路是最常用的电路，图4-2为直流电桥。设电桥各桥臂电阻分别为 R_1、R_2、R_3、R_4，其中任一桥臂都可以是电阻应变片。电桥的 A、C 为输入端，接上电压为 U 的直流电源。B、D 为输出端，输出电压为 U_{BD}。从 ABC 半个电桥来看，A、C 间的电压为 U，流经 R_1 的电流为 $I_1 = \frac{U}{(R_1 + R_2)R_1}$，两端的电压降为 $U_{AB} = I_1 R_1 = \frac{R_1 U}{R_1 + R_2}$；同理，$R_3$ 两端的电压降为 $U_{AD} = I_3 R_3 = \frac{R_3 U}{R_3 + R_4}$。

因此可得到电桥输出电压为

$$U_{DB} = U_{AB} - U_{AD} = U\left(\frac{R_1}{R_1 + R_2} - \frac{R_4}{R_3 + R_4}\right) = U\frac{R_1 R_3 - R_2 R_4}{(R_1 + R_2)(R_3 + R_4)}$$
(4.7)

由式（4.7）可得，当 $U_{DB} = 0$，即电桥平衡时，有

$$R_1 R_3 = R_2 R_4 \tag{4.8}$$

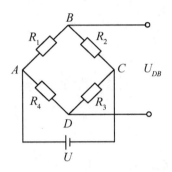

图 4-2 直流电桥

如果电桥上的 4 个桥臂为粘贴在构件上的电阻应变片，且其阻值 $R_1 = R_2 = R_3 = R_4 = R$，则构件未受力时，电桥平衡，$U_{DB} = 0$。构件受力后，各片电阻发生变化，其改变量分别为 ΔR_1、ΔR_2、ΔR_3、ΔR_4，此时各电阻分别为 $R_1 + \Delta R_1$、$R_2 + \Delta R_2$、$R_3 + \Delta R_3$、$R_4 + \Delta R_4$，代入式（4.7）可得电桥的电压输出为：

$$U_{BD} = U\frac{(R_1 + \Delta R_1)(R_4 + \Delta R_4) - (R_2 + \Delta R_2)(R_3 + \Delta R_3)}{(R_1 + \Delta R_1 + R_2 + \Delta R_2)(R_3 + \Delta R_3 + R_4 + \Delta R_4)}$$

(4.9)

经整理、简化代入式并略去高阶小量，可得

$$U_{BD} = \frac{U}{4}\left(\frac{\Delta R_1}{R_1} - \frac{\Delta R_2}{R_2} + \frac{\Delta R_3}{R_3} - \frac{\Delta R_4}{R_4}\right) \quad (4.10)$$

当四个桥臂电阻值均相等时，即 $R_1 = R_2 = R_3 = R_4$，且它们的灵敏系数均相同，则将关系式 $\frac{\Delta R}{R} = K\varepsilon$ 带入上式，有电桥输出电压为

$$\Delta U_{DB} = \frac{UK}{4}(\varepsilon_1 - \varepsilon_2 + \varepsilon_3 - \varepsilon_4) \quad (4.11)$$

由于电阻应变片是测量应变的专用仪器，电阻应变仪的输出电压 U_{BD} 是用应变值 ε_d 直接显示的。电阻应变仪有一个灵敏系数 K_0。在测量应变时，只需将电阻应变仪的灵敏系数调节到与应变片的灵敏系

数相等，即 $\varepsilon_d = \varepsilon$，应变仪的读数应变 ε_d 值无须修正；否则，须按下式进行修正：

$$K_0 \varepsilon_d = K\varepsilon \qquad (4.12)$$

静态电阻应变仪的信号输出有两种情况。一是推动指示电表，使指针发生偏转（平衡调零式应变仪）；二是经 A/D 转换，数字显示应变值（数字直读式应变仪）。动态电阻应变仪的输出有电流输出和电压输出两种模式，供记录仪器和电子计算机数据采集处理系统选用。

电阻应变仪的应变读数和标定值是按一定的桥压 U 和应变片灵敏系数 K 设计的。根据式（4.12），应变仪的测量读数应是：

$$\varepsilon_\text{仪} = \frac{\Delta U_{DB}}{\dfrac{UK}{4}} = \varepsilon_1 - \varepsilon_2 + \varepsilon_3 - \varepsilon_4 \qquad (4.13)$$

静态电阻应变仪具有灵敏系数调节盘（多圈电位器），根据所使用的电阻应变片灵敏系数 K 进行相应方式的调节，保证应变仪读数等于测量的应变值。动态电阻应变仪的标定值是按 $K = 2.00$ 设计的，如电阻应变片灵敏系数 $K_\text{片} \neq 2.00$，则按下式修正：

$$\varepsilon_\text{片} = \frac{2}{K_\text{片}} \cdot \varepsilon_\text{仪} \qquad (4.14)$$

式中 $\varepsilon_\text{片}$ 为应变片所感受的应变值。同样道理，如果将静态电阻应变仪的灵敏系数调节盘指针置于 $K_\text{仪} = 2.00$ 处（当应变片的 K 值超出应变仪 K 盘可调范围时），其测量的应变值 $\varepsilon_\text{仪}$ 也按式（4.14）进行修正。

二、温度补偿

粘贴在构件上的应变片，其电阻值一方面随构件变形而变化，另一方面，当环境温度变化时，应变片丝栅的电阻值也将随温度改变而变化。由于应变片的线膨胀系数与被测构件的线膨胀系数不同，且敏感栅的电阻值随温度的变化而变化，所以测得应变将包含温度变化的影响，不能反映构件的实际应变，这种因环境温度变化引起的应变片电阻值变化，其数量级与应变引起的电阻变化相当。这两部分电阻变化同时存在，使得测得的应变值中包含了温度变化的影响而引起的虚假应变，会带来很大误差，不能真实反映构件因受力引起的应变，因此在测量中必须设法消除温度变化的影响。

消除温度影响的措施是温度补偿。在常温应变测量中温度补偿的方法是采用桥路补偿法。它是利用电桥特性进行温度补偿的。

（一）补偿块补偿法

如图 4-3 所示，把粘贴在构件被测点处的应变片 R_1 称为工作片，接入电桥的 AB 桥臂；另外以相同规格的应变片 R_2 粘贴在与被测构件相同材料但不参与变形的一块材料上，并与被测构件处于相同温度条件下，称为温度补偿片。将它接入电桥与工作片组成测量电桥的半桥，电桥的另外两桥臂为应变仪内部固定无感标准电阻，组成等臂

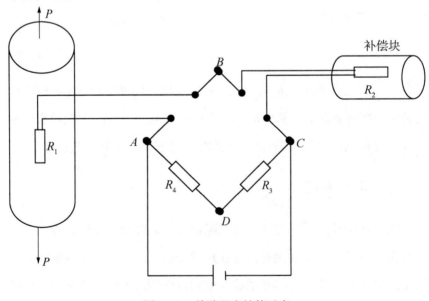

图 4-3 单臂温度补偿示意

电桥。此时由工作片得到的应变值为 $\varepsilon_1 = \varepsilon_{1P} + \varepsilon_t$，其中 ε_{1P} 是由载荷引起的应变，ε_t 是由温度引起的应变。对于补偿片不受力只因温度引起的应变 ε_t，而 R_3 和 R_4 不感受应变，有 $\varepsilon_3 = \varepsilon_4 = 0$，它们产生的应变在式中相互抵消。于是可知，显示的应变为

$$\varepsilon_仪 = \varepsilon_1 - \varepsilon_2 + \varepsilon_3 - \varepsilon_4 = \varepsilon_{1P} + \varepsilon_t - \varepsilon_t = \varepsilon_{1P} \tag{4.15}$$

此时已消除温度应变的影响。

（二）工作片补偿法

这种方法不需要补偿片和补偿块，而是在同一被测构件上粘贴几个工作应变片，根据电桥的基本特性及构件的受力情况，将工作片正确地接入电桥中，即可消除温度变化所引起的应变，得到所需测量的应变。如图 4-4 所示，应变片 R_1 和 R_2 贴在同一受力构件上的受拉和受压侧。此时，R_1 和 R_2 的应变值为 $\varepsilon_1 = \varepsilon_{1P} + \varepsilon_t$，$\varepsilon_2 = \varepsilon_{2P} + \varepsilon_t$，而由于 $\varepsilon_{1P} = -\varepsilon_{2P}$，同样，$R_3$ 和 R_4 不感受应变。将各应变值代入，可得：

$$\varepsilon_仪 = \varepsilon_1 - \varepsilon_2 + \varepsilon_3 - \varepsilon_4 = \varepsilon_{1P} + \varepsilon_t - \varepsilon_{2p} - \varepsilon_t = 2\varepsilon_{1P} \tag{4.16}$$

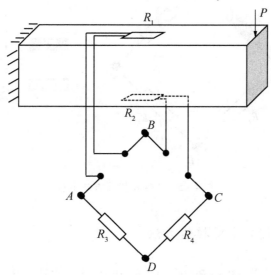

图 4-4 双臂温度补偿示意

此时也已消除温度应变的影响。

三、应变片在电桥中的接线方法

针对各种构件应变值的测量，可利用电桥的特性而采用不同的接线方法来达到以下五个目的：①实现温度补偿；②测出所需的应变分量；③放大应变读数；④减小测量误差；⑤提高测量灵敏度。

（一）1/4 桥接线方法

电桥的一个桥臂 AB 接测量的工作片 R_1，另外一个桥臂 BC 接温度补偿片 R_2，而另外两个桥臂 CD 和 DA 接应变仪的内部电阻 R，如图 4-5 所示。一般用这种方法来测量构件某点处的应变值，此时应变仪 ε 的读数为：

$$\varepsilon = \varepsilon_1 \tag{4.17}$$

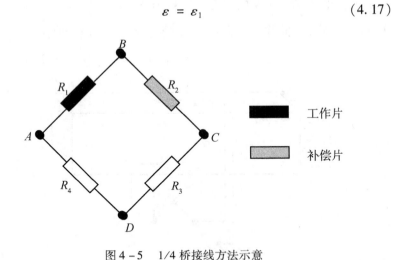

图 4-5　1/4 桥接线方法示意

（二）相邻半桥接线方法

电桥的桥臂 AB 和 BC 的电阻 R_1 和 R_2 接工作片，CD 和 DA 两个桥臂接应变仪内标准电阻，如图 4-6 所示。如果测量的两个应变大小相等而方向相反，则可利用该方法。它可提高测量的灵敏度，又可使温度补偿相互抵消。此时应变仪 ε 的读数为：

$$\varepsilon = \varepsilon_1 - \varepsilon_2 \tag{4.18}$$

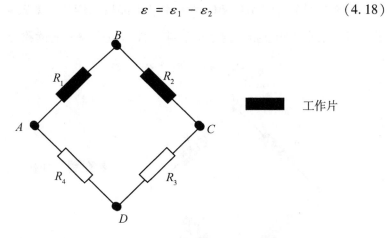

图 4-6　相邻半桥接线方法示意

（三）相对半桥接线方法

电桥的桥臂 AB 和 CD 的电阻 R_1 和 R_3 接工作片，BC 和 DA 两个桥臂接温度补偿片，如图 4-7 所示。此时应变仪 ε 的读数为

$$\varepsilon = \varepsilon_1 + \varepsilon_3 \tag{4.19}$$

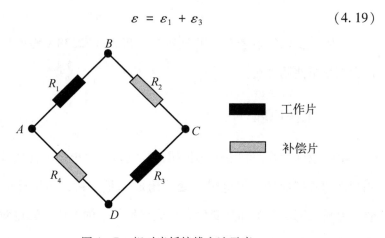

图 4-7　相对半桥接线方法示意

（四）全桥接线方法

电桥的四个桥臂 AB、BC、CD 和 DA 都接工作片，如图 4-8 所示，四个工作片相互抵消温度的影响。此时应变仪 ε 的读数为

$$\varepsilon = \varepsilon_1 - \varepsilon_2 + \varepsilon_3 - \varepsilon_4 \qquad (4.20)$$

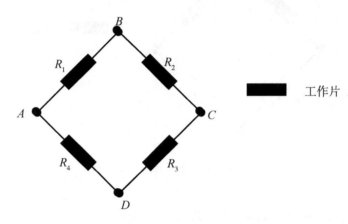

图 4-8　全桥接线方法示意

第三节　电阻应变仪的使用方法

电阻应变仪的新老产品型号较多。现以 YE2538A 程控静态应变仪为例介绍使用方法。

一、工作原理

电阻应变片是一种电阻式传感器，它以自身电阻的变化来反映需要测量的机械应变。将电阻应变片组成测量电桥，当桥臂电阻变化时，电桥就输出一个和其变化大小成线形关系的电压。通过对该电压进行放大，并对电阻应变片的灵敏系数 K 进行归一，就能使输出的电压大小和实际应变大小相对应。

仪器内置了单片机，其完成了采集、处理、显示、通讯等各种功能。

仪器具有 11 个测点，其中 0 通道专用测量力，1～10 通道测量应变，且内置了由精密低温漂电阻组成的内半桥。仪器还提供了两路公共补偿片的接线端子，故每个测点都可通过不同的组桥方式组成全桥、半桥、1/4 桥（公共补偿片）的形式。用户只需按桥路形式连接示意图连接应变片，并将桥路形式设为相应的桥路形式即可，测量时每个测点均有指示灯指示。

仪器采用初读数法进行自动平衡。对某一测点进行自动平衡时，将显示并存储该点的初始不平衡量。在以后对该点的测量结果中将减去该存储的初始不平衡量，其效果等同于微调桥路使之平衡的方法，但操作更为简便。

仪器的测量结果在实测结果减去初始不平衡量的基础上还要进行灵敏系数及应变片阻值的修正，但不进行桥路形式的修正。1/4 桥（公共补偿片）测量时其结果即为实际应变量，但在半桥及全桥测量时其结果需根据测量的具体工作片及补偿片情况做进一步修正。

仪器既可联机也可脱机工作。通过 RS－232C 串行口联机工作时可完成所有的测量工作。

二、面板说明

（一）面板下部分

如图 4-9 所示，面板下部分包括电源开关、数字显示屏、键盘、数字键等。

电源开关：本仪器交流 220V/50Hz 电源供电。

数字显示屏：显示屏左五位用于提示状态和测力的显示，右五位用于显示测量值或设置信息。

键盘：本仪器的参数设置及测量操作是由键盘来完成的（脱机方式）。

数字键（0～9）：用来设置参数及选择测点。

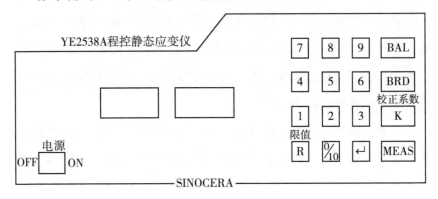

图 4-9　面板下部分示意

按键 BAL：测量当前测点的初始不平衡量，将此值显示并存储。

按键 BRID：设置桥路形式，设置范围：0，1，2，3。

按键 K：设置灵敏系数，设置范围：1.00～9.99。

按键 R：设置应变片阻值，设置范围：60～999Ω。

按键 MEAS：测量当前测点的应变量，并将此值显示出来。

按键"回车"：按此键后将保存数据，并回到待命状态。

（二）面板上部分

面板上部分如图 4-10 所示。

接线端子排：采用优质接线端子排，不易损坏，连接可靠。在 B、B′点上安装了特制连接片，方便使用。选中某个测点时，对应指示灯亮。

桥路形式提示：选中某一种桥路形式时，相应桥路形式的指示灯点亮，请按该桥路形式的连接示意图连接应变片组桥。

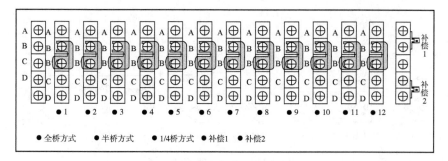

图 4-10 面板上部分示意

三、使用方法

（一）根据实验及测试要求连接应变片

桥路形式的接法有三种：全桥、半桥、1/4 桥（公共补偿）。

具体接法如图 4-11 所示。①全桥 ［图 (a)、图 (b)］：桥路形式设为 4 时对应全桥形式。②半桥 ［图 (c)、图 (d)］：桥路形式设为 2 时对应半桥形式。③1/4 桥（公共补偿）［图 (e)、图 (f)］：桥路形式设为 1 时对应 1/4 桥形式。

注：（1）单点补偿时，用图 (d) 接法，只是此时 B、C 之间所接为补偿片。

（2）多点公共补偿时，用图 (e) 接法，将工作片接在相应测点的 A、B 端，并将 B、B′用特制的连接片相连，将公共补偿片接在补偿片连接端子上。

（3）多点公共补偿时，如工作片某一端已连接在一起，用图 (f) 接法。只需将各测点的 A 端及补偿片的 A′端都连接在该公共端上，工作片的另一端接在相应测点的 B 端，补偿片另一端接在另一补偿片端子上。

（4）接应变式传感器时，请根据传感器的组桥形式接成全桥或半桥。

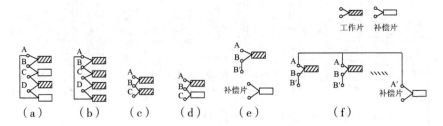

图 4-11 各种桥路接法示意

（二）预热

打开电源预热 30 分钟。预热可以使仪器测量更稳定，减少误差。

（三）设置参数

（1）选择 1～10 通道时，按"R"显示已存应变片的电阻值，再用数字键设置可闪烁的数字，设置范围 60～999Ω；选择 0 通道时，按"R"显示力的限值，同样用数字键设置，设置范围 0～20000Ω 显示值。如测量时力的数值超过限值，蜂鸣器发声，显示值闪烁。按回车键保存数据。

（2）选择 1～10 通道时，按"K"显示已存应变片灵敏系数，再用数字键设置可闪烁的数字，设置范围 1.00～9.99；选择 0 通道时，按"R"显示力的校正系数，同样用数字键设置，设置范围 0.01～9.99 显示值，按回车键保存数据。

（3）设置桥路形式，按"BRID"显示桥路形式的参数，再用数字键设置桥路形式，设置范围 0（全桥），1（半桥），2（补偿1），3（补偿2）。

（4）通道设置，选择通道 1～9 时，直接按数字键，选择通道 0、10 时，按"0"或"10"键进行切换。

(5) 按回车键,回到待命状态。

（四） 自动平衡

在待命状态按数字键选择通道,再按"BAL"对该点进行自动平衡,"BAL"指示灯亮,仪器将显示该通道的初始不平衡量,并将该值存贮在仪器内部。在对某通道自动平衡时,直接按数值键切换到需要自动平衡的通道。按回车键回到待命状态。

注：(1) 仪器只保留最后一次自动平衡结果,故在测量过程中不可误用自动平衡,以免丢失初始不平衡量。

(2) 每个通道的设置参数都独立保存。

（五） 测量

对每一个通道自动平衡后即可进行测量。在待命状态按数字键选择测点,如选择0通道,按"MEAS"键,只对0通道进行测量；如选择其他通道,按"MEAS"键,则同时测量通道0和所选通道。在对某点测量时直接按数字键切换到需要测量的测点。按回车键回到待命状态。

注：(1) 对于各种桥路接法的应变测量,实际应变量同读数值的关系（不考虑长导线误差）：

图4-11 (a)、(c)　　　　　　应变量=读数值/2

图4-11 (b)　　　　　　　　应变量=读数值/4

图4-11 (d)、(e)、(f)　　　　应变量=读数值

(2) 对图4-11 (e)、(f) 接法,测量的非线性已修正,此结果即为实际的应变量。而图4-11 (d) 接法的非线性,仪器未作修正。

(3) 测量或自动平衡过载时仪器显示"-"。

(4) 对于应变式传感器的测量,其结果需根据传感器的灵敏度进行处理。仪器在灵敏系数设为2时,显示/输入=1000/mv｜k=2.00,0通道就同样方法设置校正系数。

（六）联机测量

仪器的参数设置及测量操作均可由计算机完成。联机测量时，不修改本机保存的设置参数，在脱机后会保存平衡值，并覆盖以前的平衡值。

四、注意事项

为了便于调节平衡，工作片和补偿片应尽可能选用一致，工作片和补偿片的连接导线也应分别相同；如果导线电阻太大，将造成测量误差，可由下式进行校准：

$$\xi = \xi'(1 + 2\frac{R_L}{R_0}) \qquad (4.21)$$

式中 ξ 表示经灵敏系数归一、非线性补偿及长导线补偿后的校准应变量，ξ' 表示经灵敏系数归一及非线性补偿后的应变量，R_L 表示导线单线阻值（$2R_L$ 应为应变片至桥路接点或相邻应变片接点的导线阻值），R_0 表示应变片阻值。

补偿片应和工作片贴在相同的试件上，并保持相同的温度。避免阳光直射和空气剧烈流动造成测量不稳定。补偿片和工作片对地的绝缘电阻应不小于 $10^8\Omega$，否则将可能引起漂移。仪器应尽可能远离强磁场，尽可能用双绞线连接应变片。为保证测量的稳定性，应变片应连接牢固、可靠，所配的焊接片应弯成一定角度以方便连接。

第四节　电阻应变片的粘贴技术及测试桥路实验

一、实验目的

（1）初步掌握应变片的粘贴、接线和检查等技术。

(2) 认识粘贴质量对测试结果的影响。

(3) 认识1/4桥路、1/2桥路、全桥路的接线法及相互关系。

二、实验要求

(1) 每组一根试验钢梁、一块温度补偿钢块和若干枚电阻应变片（预计4～6片）。在试验钢梁上（沿其轴线方向）上表面、下表面和温度补偿钢块上各贴两枚应变片，如图4-12所示。

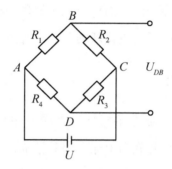

图4-12 补偿块补偿

(2) 用自己所贴的应变片进行规定内容的测试。

三、实验设备和仪器

(1) 数字万用表、电阻应变仪、材料力学实验台。

(2) 游标卡尺、钢直尺以及烙铁等应变片粘贴工具。

四、应变片粘贴工艺

（一）筛选应变片

应变片的外观应无局部破损，丝栅或箔栅无锈蚀斑痕。用数字万用表逐片检查阻值（120Ω），同一批应变片的阻值相差不应超过出厂规定的范围（小于 0.2Ω）。

（二）处理试件表面

在贴片处处理出不小于应变片基底面积 3 倍的区域。处理的方法是：用细砂纸打磨出与应变片粘贴方向成 450 的交叉纹（有必要时先刮漆层，去除油污，用细砂纸打磨锈斑）。用钢针或铅笔画出贴片定位线，再用蘸有少量丙酮（或无水酒精、四氯化碳等）的脱脂棉球将贴片表面擦洗干净。清洁面积应大于处理面积，且清洁时应从中心逐渐向外擦，棉球脏后要更换新的，直至棉球洁白为止。

（三）粘贴应变片

一手用镊子镊住（或左手拇指和食指夹住）应变片引出线，一手拿 502 胶瓶，在应变片底面上涂一层黏结剂，并立即将应变片放置于试件上（切勿放反），且使应变片基准线对准定位线。用一小片聚四氟乙烯薄膜盖在应变片上，用手指均匀按压应变片，从有引线的一端向另一端沿轴线方向滚压，以挤出多余的黏结剂和气泡。注意此过程要避免应变片滑移或转动。保持 1～2min 后，由应变片的无引线一端向有引线一端，沿着与试件表面平行方向轻轻揭去聚四氟乙烯薄膜。用镊子将引出线与试件轻轻脱开，检查应变片是否为通路。（有条件的可使用红外线灯烘烤，提高粘接强度，但要避免聚热。）

（四）焊接与固定导线

应变片与应变仪之间，需要用导线（视测量环境选用不同的导线——双芯多股铜芯塑料电缆、屏蔽电缆）连接。用胶纸带或其他方法把导线固定在试件上。应变片的引出线（注意其下部垫一小块绝缘胶布或透明胶带；焊接时不宜拉得过紧，最好有一定的弧形）

与导线之间，通过粘贴在电阻应变片附近的接线端子片连接如图4-13所示。连接的方法是用电烙铁焊接，焊接要准确迅速，防止虚焊。

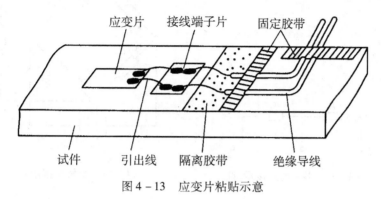

图4-13 应变片粘贴示意

（五）检查与防护

用数字万用表检查各应变片的电阻值（是否断路），用兆欧表检查应变片与试件间的绝缘电阻（是否短路）。如果检查无问题，应变片要做较长时间的保留，做好防潮与保护措施。防护方法的选择取决于应变片的工作条件、工作期限及所要求的测量精度。常温下可用具有良好防潮、防水功能的703硅橡胶均匀涂在电阻应变片上，涂敷面积要大于应变片基底，经8小时即可固化。也可用医用凡士林、炮油或二硫化钼等材料代替。

五、实验步骤（电阻应变仪操作参见设备介绍）

（1）按应变片粘贴工艺完成贴片工作。

（2）按图4-14的形式接成1/4桥，观察是否有零漂现象。

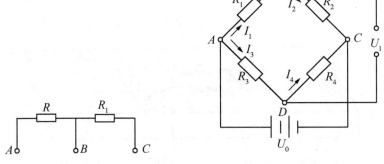

图 4-14 1/4 桥连接示意　　图 4-15 半桥连接示意

（3）试验钢梁加上一定载荷，记录应变仪读数，观察是否有漂移现象。

（4）在试验钢梁的弹性范围内，等量逐级加载，观察应变仪的读数增量。

（5）按图 4-15 的形式接成半桥，不加载荷，用白炽灯近距离照射试件上的工作片，观察应变仪读数。

（6）把工作片 R 和温度补偿片 Rt，在电桥中的位置互换，在相同载荷作用下，观察应变仪的读数区别。

（7）按图 4-15 的形式分别接成半桥、全桥，重复步骤（2）、（3）、（4）。

思考题

（1）在温度补偿法电测中，对补偿块和补偿片的要求是什么？

（2）粘贴的应变片按图 4-14 接入应变仪后，是否出现：①电桥无法平衡的现象？②应变仪读数产生漂移的现象？

产生以上两种现象的原因可能是什么？

第五章　电测应力应变实验

第一节　电测法测量杨氏模量 E 和泊松比 μ

杨氏模量 E 也叫弹性模量，它是材料抵抗弹性变形能力的特征值。在单向拉力作用下，线弹性范围内的应变为：

$$\varepsilon = \frac{\sigma}{E} \tag{5.1}$$

这时对应的横向应变为：

$$\varepsilon' = -\mu\varepsilon \tag{5.2}$$

式中的 μ 为泊松比，也称为横向变形系数。

材料的 E、μ 和另一个重要性能特征值——剪切弹性模量 G 之间有以下关系：

$$G = \frac{E}{2(1+\mu)} \tag{5.3}$$

这就表明了 E、μ 和 G 的三个值中，只有两个是独立的。知道了其中的两个值，就可算出第三个值。

对于那些非线弹性的材料，可用弦线模量 E_{ch}（弹性范围内，轴向应力－应变曲线任两规定点之间弦线的斜率）或切线模量 $E_{\tan}$（弹性范围内，轴向应力－应变曲线上任一规定应力或应变处的斜率）来表示这些材料的性能特性值。详见国家标准《金属杨氏模量、弦线模量、切线模量和泊松比试验方法（静态法）》（GB 8653—88）。

采用电阻应变片进行应变测量具有体积小、粘贴方便、不受位置的限制、测量分辨率高（可达 $1\mu\varepsilon = 10^{-6}$，比一般引伸计高出 10 倍以上）和精度高等的优点。因此，本次试验选用电测法。

一、实验目的

（1）测定材料的弹性模量 E 和泊松比 μ。
（2）验证胡克定律。
（3）学习电测法原理和多点测量技术。

二、原理和方法

从钢筋拉伸试验的 $P - \Delta l$ 曲线可以看出，在比例极限范围内，P 与 Δl 之间是线性关系，符合胡克定律，即

$$\Delta l = \frac{Pl_0}{EA_0} \tag{5.4}$$

由上式得：

$$E = \frac{Pl_0}{A_0\Delta l} = \frac{\sigma}{\varepsilon} \tag{5.5}$$

式中 $\varepsilon = \Delta l/l_0$，可由应变仪直接测出；$\sigma = P/A_0$，可由计算机显示屏读出所加的荷载 P，再除以试件横截面积 A_0 而得到。

为了检验试验过程是否正常，同时也为了验证胡克定律，我们将从零载荷起，至欲施加的最大载荷（$P_{max} = 0.7 \sim 0.8\sigma_s A_0$），分为 8 级，逐级加载。如果所试验的材料是符合胡克定律，且试验正常的话，则各等增量加载所引起的应变增量是相等或接近相等的，即杨氏模量：

$$E = \frac{\Delta\sigma}{\Delta\varepsilon} \tag{5.6}$$

为一常数。以上试验方法称为增量法。

在同级荷载作用下，应变仪同时测量纵向和横向的应变值，然后求出泊松比：

$$\mu = -\frac{\varepsilon'}{\varepsilon} \tag{5.7}$$

应变测量采用多点 1/4 桥公共补偿法。为减少误差，也为了验证胡克定律，采用等量增载法，加载五次，即 $F_i = F_0 + i\Delta F$（$i = 1，2，\cdots，5$），末级载荷 F_5 不应使应力超出材料的比例极限。初载荷 F_0 时将各电桥调平衡，每次加载后记录各点应变值。计算两纵向应变平均值 $\overline{\varepsilon_{1i}}$ 和两横向应变平均值 $\overline{\varepsilon_{2i}}$，按最小二乘法计算 E 和 μ。

三、试验步骤

（一）启动

打开应变仪电源，预热。

（二）安装试样

试验台换上拉伸夹具，将力传感器上下位置调整合适，安装试样，如图 5-1 所示。

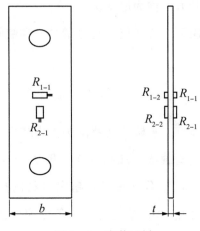

图 5-1 安装试样

（三）接线

将力传感器的红、蓝、白、绿四线依次接在测力专用通道（0 通道）的 A、B、C、D 端。按多点 1/4 桥公共补偿法对各测量片接线，即将试样上的应变片分别接在所选通道的 A、B 端。所选通道 B、B′间的连接片均应连上。将补偿片接在补偿 1（或 2）的接线端子上。

（四）设置参数

根据接线的方式设置应变仪的参数，包括力传感器的校正系数、各通道的组桥方式、应变片的灵敏系数和阻值等。载荷限值设置为 1600N。

（五）平衡各通道电桥

使试样处于完全不受载状态。按"↵"、"BAL"键，再依次按各通道（包括 0 通道）对应的数字键。仪器依次显示各通道的初始不平衡量，并将该值存贮在仪器内。

（六）测量

按"MEAS"键，再缓慢加载，力显示屏数字从 0 开始不断增加。每增加 300N，就暂停加载，依次按各（应变通道对应的）数字键，右屏上就依次显示各点应变值，记录之。共加载 5 级，然后卸载。重复（五）、（六）两步骤，共测量三次。数据以表格形式记录。

四、实验结果及分析

将三组数据分别按表 1-1 作初步处理，从而找出线性关系最好的一组。再用这组数据按公式（5.6）和（5.7）计算 E、μ，计算步骤列表显示（见表 5-1、表 5-2）。

表 5-1 测量纵向和横向应变值

i	$i\Delta F$（N）	纵向应变（$\mu\varepsilon$）				横向应变（$\mu\varepsilon$）			
		ε_{11i}	ε_{12i}	平均 $\overline{\varepsilon_{1i}}$	$\Delta\overline{\varepsilon_{1i}}$	ε_{21i}	ε_{22i}	平均 $\overline{\varepsilon_{2i}}$	$\Delta\overline{\varepsilon_{2i}}$
0	0	0	0	0	/	0	0	0	/
1	300								
2	600								
3	900								
4	1200								
5	1500								

注：$\Delta\overline{\varepsilon_{1i}} = \overline{\varepsilon_{1i}} - \overline{\varepsilon_{1i-1}}$；$\Delta\overline{\varepsilon_{2i}} = \overline{\varepsilon_{2i}} - \overline{\varepsilon_{2i-1}}$。

表 5-2 根据应变平均值作计算

$b = 24$mm		$t = 1.9$mm		$\Delta F = 300$N	
i	i^2	$\overline{\varepsilon_{1i}}$（$\mu\varepsilon$）	$\overline{\varepsilon_{2i}}$（$\mu\varepsilon$）	$i\overline{\varepsilon_{1i}}$（$\mu\varepsilon$）	$i\overline{\varepsilon_{2i}}$（$\mu\varepsilon$）
1					
2					

$b = 24\text{mm}$		$t = 1.9\text{mm}$		$\Delta F = 300\text{N}$	
3					
4					
5					
Σ		/		/	

五、数据处理分析

根据国家标准 GB 8653—88，在弹性范围内测出不小于 8 组的轴向应力、轴向应变和横向应变的数据。然后用最小二乘法分别对轴向应力与轴向应变和轴向应变与横向应变进行直线拟合，所得的两条拟合直线之斜率就分别为 E 和 μ。计算式如下：

$$E = \frac{\sum_{i=1}^{n} \varepsilon_{li}\sigma_i - n\bar{\varepsilon}_l\bar{\sigma}}{\sum_{i=1}^{n} \varepsilon_{li}^2 - n\bar{\varepsilon}_l^2} \tag{5.8}$$

$$\mu = -\frac{\sum_{i=1}^{n} \varepsilon_{li}\varepsilon_{ti} - n\bar{\varepsilon}_l\bar{\varepsilon}_t}{\sum_{i=1}^{n} \varepsilon_{li}^2 - n\bar{\varepsilon}_l^2} \tag{5.9}$$

式中的脚标 i 为测试的数据的组号，$n \geq 8$，其中

$$\sigma_i = \frac{P_i}{A_0} \tag{5.10}$$

$$\bar{\varepsilon}_l = \frac{1}{n}\sum_{i=1}^{n} \varepsilon_{li} \tag{5.11}$$

$$\bar{\varepsilon}_t = \frac{1}{n}\sum_{i=1}^{n} \varepsilon_{ti} \tag{5.12}$$

$$\bar{\sigma} = \frac{1}{n}\sum_{i=1}^{n} \sigma_i \tag{5.13}$$

如果测试的记录为 $P - \varepsilon_l$ 和 $\varepsilon_t - \varepsilon_l$ 曲线，如图 5-2 所示，则取两

曲线中的直线段，求出斜率，然后按下列两式计算出 E、μ 值。

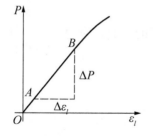 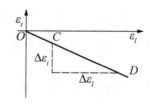

图 5-2　E、μ 试验记录曲线示意

$$E = \frac{\frac{\Delta P}{A_0}}{\Delta \varepsilon_l} \tag{5.14}$$

$$\mu = -\frac{\Delta \varepsilon_t}{\Delta \varepsilon_l} \tag{5.15}$$

讨论题

（1）拉伸 E 值测试时，为什么要在试样上对称贴片？

（2）根据测出的 E、μ 值，计算 G 值，然后和设计手册上给出的碳钢的 E、μ 和 G 值相比较，相差多少？

第二节　梁弯曲正应力测试

梁在工程结构上的应用十分广泛，房屋、大堂、桥梁中各种各样的大梁、小梁是构成整座建筑的重要组成部分。掌握梁在载荷作用下的应力分布及大小，是进行梁设计的最基本知识。实验通过用电测法对梁弯曲正应力进行测试，应用应变仪的 1/4 桥路测出各点的应变值，并且应用胡克定律求出相应的应力状况。

一、试验目的

（1）测定梁在纯弯曲和横力弯曲下的弯曲正应力。

（2）掌握多点应变测量的方法。

二、仪器设备与工具

（1）材料力学组合实验台。

（2）应变仪（YJ-31、YD-21/6 或其他型号）。

（3）游标卡尺、钢尺各 1 把。

三、试样制作

在矩形截面梁上粘贴上如图 5-3 所示的 2 组电阻应变片，应变片 1~5 分别贴在横力弯曲区，6~10 贴在纯弯曲区，同一组应变片之间的间隔距离相等。

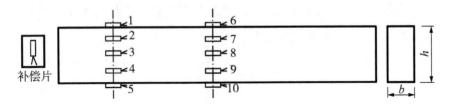

图 5-3 电阻应变片布置

四、测试原理与方法

测试原理如图 5-4 所示，在载荷 P 的作用下，梁的中段为纯弯区，弯矩为：

$$M_1 = \frac{1}{2}Pa \qquad (5.16)$$

在左右两段为横力弯曲，贴片处的弯矩为：

$$M_2 = \frac{1}{2}P_c \tag{5.17}$$

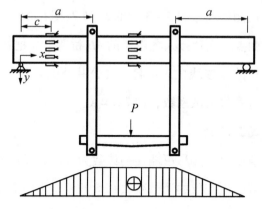

图 5-4 纯弯曲、横力弯曲试验原理及弯矩

根据应变仪工作原理，按 1/4 桥接法，将 10 个测量片分别接到应变仪接线箱各电桥通道，共用一个补偿片。由应变仪测出各点的应变值 ε，然后根据胡克定律求出各测点的应力，即：

$$\sigma = E\varepsilon \tag{5.18}$$

另一方面，由弯曲正应力公式知：

$$\sigma = \frac{My}{I} \tag{5.19}$$

这样，根据贴片处的 y 坐标值，可算出各测点的应力的理论值，并与实测值进行比较。

试验采用增量法，可施加的最大载荷为：

$$P_{max} \leqslant \frac{bh^2}{3a}[\sigma] \tag{5.20}$$

然后选取适当的初始载荷 P_0，分 5 级加载，每级载荷增量为：

$$\Delta P = \frac{P_{max} - P_0}{5} \tag{5.21}$$

五、试验步骤

(1) 测量被测件尺寸图 5-3 中的 b、h 及图 5-4 中的 a、c。

(2) 把各测点应变片接入各电桥的 AB 桥臂上,把补偿片接入 BC 桥臂,并把各桥的 C 接线柱短接起来(公共补偿)。

(3) 调节应变仪灵敏系数,使 $K_仪 = K_片$。

(4) 加初始载荷 P_0。

(5) 调试应变仪,并尽可能使初读数为零。如无法调零,则记下初读数,将加载时应变仪的读数减去初读数便得出对应于载荷变化的应变值。

(6) 加载试验,每级增量为 ΔP。

(7) 重复试验 3 次,取 3 次测试结果的平均值。

六、记录表格

表 5-3 有关的参数记录

应变片 $R =$	(Ω), $K =$		,敏感栅尺寸:		
梁截面 $b =$	(mm), $h =$		(mm)		
力臂 $a =$	(mm), 横力弯曲贴片位置 $c =$		(mm)		
贴片位置	y_1, y_6	y_2, y_7	y_3, y_8	y_4, y_9	y_5, y_0
	$-h/2$	$-h/4$	0	$h/4$	$h/2$

表 5-4 应变测试数据记录 ($\mu\varepsilon = 10^{-6}$)

载荷(N) 测点号	P_0	P_1	P_2	P_3	P_4	P_5	P_0	P_5	P_0	P_5
1										
2										
3										

载荷(N) 测点号	P_0	P_1	P_2	P_3	P_4	P_5	P_0	P_5	P_0	P_5
4										
5										
6										
7										
8										
9										
10										

讨论题

（1）在同一荷载下，应变沿梁的高度的变化如何？以实测结果的图线表示。

（2）由小到大，逐级施加载荷，梁上的应变分布规律怎样？用图表示实测的结果。

（3）比较梁弯曲正应力的实测结果和计算结果，画图表示。

（4）对横力弯曲，仍采用纯弯曲的正应力计算公式。计算正应力，计算结果与实验结果是否一致？

第三节　夹层梁纯弯曲正应力实验

在工程上应用组合梁的例子不少，测定组合梁的应变、应力分布和挠度是强度、刚度设计中具有重要实际意义的工作。本实验通过对一夹层梁进行弯曲正应力测试，以此熟悉工程上组合梁的应力应变测试方法，并加深对理论的理解与应用能力。

一、实验目的

(1) 测定夹层梁纯弯段应变、应力分布规律,为建立理论计算模型提供实验依据;将实测值与理论计算结果进行比较。

(2) 通过实验和理论分析深化对弯曲变形理论的理解,培养思维能力。

(3) 学习多点测量技术。

二、夹层梁的结构、尺寸和纯弯曲加载方式

夹层梁的结构、尺寸和纯弯曲加载方式如图 5-5 所示。梁的上、下层是 45 号钢条,它们的厚度相同,中层是铝合金,三层用螺栓紧固,锥销定位。在梁的上、下表面各粘贴两枚应变片,以检查载荷是否偏斜,一个侧面上等间距地粘贴五枚应变片。它们的编号如图 5-5 (b) 所示。

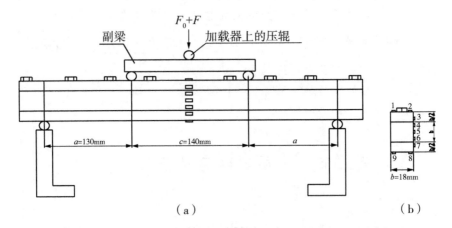

图 5-5 夹层梁纯弯曲应变测量示意

三、实验步骤

（一）开始

打开应变仪电源，预热。

（二）调整实验台，安装梁

将左右支架安装到位，使左右支架跨矩为 400 mm 且关于力传感器对称。在力传感器上安装加载器。安装梁和副梁，梁两头应大致在支架宽度的正中位置，并且还应大致在加载器两拉杆间的正中位置。副梁的位置由纯弯曲定位板确定。

（三）接线

将力传感器的红、蓝、白、绿四线依次接在测力专用通道（0 通道）的 A、B、C 和 D 端。按多点 1/4 桥公共补偿法对各测量片接线，即将试样上的应变片分别接在所选通道的 A、B 端。所选通道 B、B′间的连接片均应连上。将贴在铝块和钢块上的两个补偿片分别接在补偿通道的补偿 1 和补偿 2 接线端子上。

（四）设置参数

根据接线的方式设置应变仪的参数，包括力传感器的校正系数，各通道的组桥方式、应变片的灵敏系数和阻值等。载荷限值设置为 2100 N。

（五）测试 5 号测点应变

先测量 5 号测点的应变以确定夹层梁和副梁的安装是否符合实验要求，使梁处于完全不受载状态并平衡 0 通道和 5 号测点对应通道电桥。缓慢加载到 2000 N 左右，此时 5 号测点通道的应变绝对值应该≤1。若该值不符合要求，应分别调整加载器两拉杆上端的螺母，同时观察应变值的变化情况，使应变值接近于0。然后卸载至0，应变值应回到0，若不是0，应再重复调整，直至符合要求。

（六）平衡各通道电桥

使试样处于完全不受载状态。按"↵"、"BAL"键，再依次按各通道（包括0通道）对应的数字键。仪器依次显示各通道的初始不平衡量，并将该值存贮在仪器内。

（七）测量

按"MEAS"键，再缓慢加载，力显示屏数字从0开始不断增加。增加到2000 N时就停止加载，依次按各（应变通道对应的）数字键，右屏上就依次显示各点应变值，记录之。然后卸载，重复（六）、（七）两步骤，共测量三次。数据以表格形式记录。

四、实验结果及分析

根据测得的各点应变，计算相应的应力实验值。再计算各点应力理论值。最后计算它们之间的相对误差。数据参考表5-5处理。

表5-5 弯曲正应力试验数据记录

	$a = 130$ mm			$b = 18$ mm			$c = 140$ mm		
	$E_{st} =$ Gpa			$E_{AL} =$ GPa			$F = 2000$ N		
测点号			1	2	3	4	5	6	7	8	9
实验值	应变 ε ($\mu\varepsilon$)	第一次									
		第二次									
		第三次									
		平均									
	应力 $\sigma = \{{E_{st}\varepsilon \atop E_{AL}\varepsilon}$ (Mpa)									

应力理论值 σ（Mpa）							
相对误差 $=\left\|\dfrac{\sigma_{理}-\sigma_{实}}{\sigma_{理}}\right\|\times100\%$							

讨论题

（1）在同一荷载下，应变沿梁的高度变化如何？以实测结果的图线表示。

（2）由小到大，逐级施加载荷，梁上的应变分布规律怎样？用图表示实测的结果。

（3）对夹层染弯曲仍采用纯弯曲的正应力计算公式。计算正应力，计算结果与实验结果是否一致？

第四节　等强度梁弯曲正应力实验

等强度梁广泛应用在工程当中，而等强度梁的弯曲应力是工程应用中主要关心的部分。本次试验通过多点测量技术对等强度梁的弯曲正应力进行测定，加强对等强度梁的受力方式的理解，同时练习多点测量技术。

一、实验目的

（1）测定等强度梁弯曲时截面上应变、应力分布规律，为建立理论计算模型提供实验依据；将实测值与理论计算结果进行比较。

（2）通过实验和理论分析深化对弯曲变形理论的理解，培养思维能力。

(3) 学习多点测量技术。

二、等强度梁的结构、尺寸和加载方式

等强度梁的结构、尺寸和加载方式如图 5-6 所示。

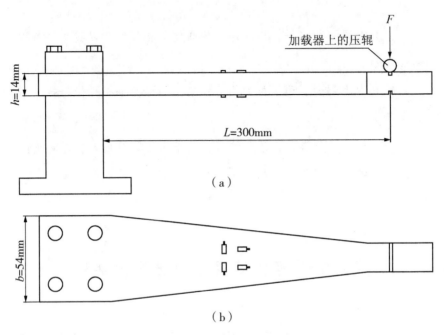

图 5-6 等强度梁结构示意

三、实验步骤

(一) 开始

打开应变仪电源,预热。

(二) 调整实验台、安装梁和定位块

将固定端支座调整至 $L=300$ mm 位置(有销定位)。把等强度梁固定在支座上,梁的加载端大致在加载器两拉杆正中位置。

（三）接线

将力传感器的红、蓝、白、绿四线依次接在测力专用通道（0通道）的 A、B、C 和 D 端。按多点 1/4 桥公共补偿法对各测量片接线，即将试样上的应变片分别接在所选通道的 A、B 端。所选通道 B、B′间的连接片均应连上。将补偿片接在补偿 1（或 2）的接线端子上。

（四）设置参数

根据接线的方式设置应变仪的参数，包括力传感器的校正系数、各通道的组桥方式、应变片的灵敏系数和阻值等。载荷限值设置为 600 N。

（五）平衡各通道电桥

使试样处于完全不受载状态。按"↵"、"BAL"键，再依次按各通道（包括 0 通道）对应的数字键。仪器依次显示各通道的初始不平衡量，并将该值存贮在仪器内。

（六）测量

按"MEAS"键，"MEAS"指示灯亮。再缓慢加载，力显示屏数字从 0N 开始不断增加，增加到 500 N 就停止加载，依次按各（应变通道对应的）数字键，右屏上就依次显示各点应变值，记录之。

重复（五）、（六）两个步骤，共测量三次。数据以表格形式记录。

四、实验结果及分析

根据测得的各点应变，计算相应的应力实验值。再计算各点应力理论值。最后计算它们之间的相对误差。数据参考表 5-6 处理。

表 5-6 弯曲正应力试验数据记录

$h = 14\text{mm}$			$b = 54\text{mm}$			$L = 300\text{mm}$			
$E_{st} =$ GPa			$F = 500\text{N}$						
测点号			1	2	3	4	5	6	7	8
实验值	应变 $\varepsilon(\mu\varepsilon)$	第一次								
		第二次								
		第三次								
		平均								
应力 σ（Mpa）										
应力理论值 σ（Mpa）										
相对误差 $= \left\lvert \dfrac{\sigma_{理} - \sigma_{实}}{\sigma_{理}} \right\rvert \times 100\%$										

第五节 测三点弯曲梁的挠度和转角

三点弯曲梁是力学试验中广泛应用的一个模型。本次实验是利用三点弯曲梁的模型测量梁的挠度与转角。通过本实验可以练习对简支梁的挠度与转角的测量，并且验证挠度和转角公式，加深对公式的理解。

一、实验目的

测量简支梁的最大挠度和铰支处的转角，以验证挠度和转角公式。

二、方梁的结构、尺寸和加载方式

方梁的结构、尺寸和加载方式如图 5-7 所示。

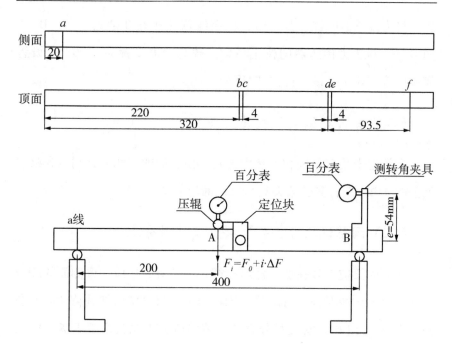

图 5-7 方梁结构示意

三、实验原理

跨距 $L = 400$ mm 的梁在正中 A 点加载,在梁的铰支处 B 点安装测转角夹具(用一百分表测点 A 挠度,用另一百分表测夹具上距梁的中性层 $e = 54$ mm 的点的水平位移 δ),由于转角 θ_B 很小,可认为 $\theta_B = \dfrac{\delta}{e}$。

本实验在弹性范围内进行,采用等量增载法加载,每增加等量载荷 ΔF,测定挠度增量和转角增量各一次,取平均值 $\overline{\Delta f_{实}}$ 和 $\overline{\Delta \theta_{实}}$,把它们与理论计算值 $\Delta f_{理}$ 和 $\Delta \theta_{理}$ 比较。

四、实验步骤

(一)开始测量

力传感器接线、设置参数,在无载情况下平衡,并转入测量状态。将力传感器的红、蓝、白、绿四线依次接在 0 通道的 A、B、C 和 D 端。设置力传感器的校正系数，载荷限值设置为 1100 N。设置完成后按"BAL"键，再按"MEAS"键。

（二）安装定位块和测转角夹具

在梁上安装定位块和测转角夹具，使它们的左侧面分别对齐梁顶面上的 c 和 f 线，测转角夹具与梁顶面应靠紧。

（三）调整试验台、安装梁、安装百分表

安装时梁应大致在加载器两拉杆正中位置，还应使梁侧面的 a 线与支座上的刻线对齐。将加载器压辊与定位块靠紧后加载荷 200 N 左右。在 A 处和 B 处安装百分表。安装前应分别调整两表表盘，使大指针指"0"时，小指针指向整数。A 处的表可顶在加载器拉杆端头，应预压 4～7 mm，B 处表应顶在测转角夹具事先划好的线上（此线距梁中性层 54 mm）。

（四）进行实验

调整初载荷到 200 N，记录两表读数 f_0 和 δ_0，读百分表时小指针示值亦读出（如 5.13 mm）。然后等增量逐级加载，每级增加 $\Delta F = 150$ N，记录各级读数 f_i 和 δ_i，共加载 5 级。

（五）卸载

试验台和仪器恢复原状。实验数据用表格形式记录。

五、实验结果及分析

实验数据按表 5 - 7 初步处理，然后根据理论公式计算在 ΔF 作

用下的挠度增量 $\Delta f_{理}$ 和转角增量 $\Delta \theta_{理}$，计算实验值与理论值的相对误差（以理论值为准）。

表5-7 挠度和转角试验数据记录

梁高 = 18mm		梁宽 = 18mm		惯性矩 $I =$ mm⁴		弹性模量 $E =$ GPa	
跨距 $L = 400$mm		表臂 $e = 54$mm		载荷增量 $\Delta F = 150$N			
i	F_i (N)	f_i (mm)	$\Delta f_i = f_{i-1} - f_i$ (mm)	$\overline{\Delta f_{实}}$ (mm)	δ_i (mm)	$\Delta \delta_i = \delta_i - \delta_{i-1}$ (mm)	$\overline{\Delta \delta}$ (mm)	$\overline{\theta_{实}} = \dfrac{\overline{\Delta \delta}}{54}$
0	200							
1	350							
2	500							
3	650							
4	800							
5	950							

第六节 梁三点弯曲验证位移互等定理

位移互等定理是材料力学中非常重要的定理。本次实验通过梁的三点弯曲实验来验证位移互等定理，加深对位移互等定理的理解。

一、实验目的

验证位移互等定理。

二、实验原理

如图5-8所示，在梁的A点加载，测得C点挠度。再在C点施加同样大小的载荷，测定A点的挠度。比较这两个挠度值，看它们是否满足位移互等定理。

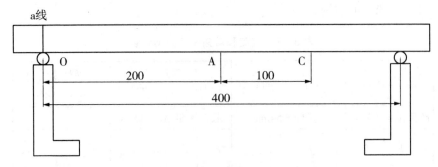

图 5-8　梁三点弯曲装置示意

三、实验步骤

（一）开始测量

力传感器接线，设置参数，在无载情况下平衡，并转入测量状态。将力传感器的红、蓝、白、绿四线依次接在 0 通道的 A、B、C 和 D 端。设置力传感器的校正系数，载荷限值设置为 1100 N。设置完成后按"BAL"键，再按"MEAS"键。

（二）A 处加载，测 C 处挠度

（1）将左右支架安装到位，使左右支架跨矩为 400 mm。在力传感器上安装加载器。安装梁，梁应大致在加载器两拉杆间的正中位置。安装定位块，使定位块左端面对准梁顶面上的 c 线，加载器上的压辊紧靠在定位块左端面。加载荷 200 N 左右。安装百分表，使表的测杆顶梁顶面上的 d 线并垂直于梁，预压 4～7 mm。

（2）调整初载荷至 200 N，记录百分表读数 f_c^0。继续加载至 1000 N，记录百分表读数 f_c'，然后卸载。重复测量三次。

（三）C 处加载，测 A 处挠度

（1）把左、右支架均左移 100 mm（有锥销定位），将定位块右移至对准梁顶面上的 e 线再固定在梁上，像前面那样把梁安装在支架上。加载荷 200 N 左右。然后安装百分表，使表的测杆顶梁顶面上的 b 线并垂直于梁，预压 4～7 mm。

（2）调整初载荷至 200 N，记录百分表读数 f_A^0，继续加载至 1000 N，记录百分表读数 f'_A。然后卸载。重复测量三次。

（四）卸载

试验台和仪器恢复原状。实验数据用表格形式记录。

四、实验结果及分析

按表 5-8 计算出 A 处三次加载 C 处的挠度平均值和 C 处三次加载 A 处的挠度平均值。比较后做出是否符合位移互等定理的结论。

表 5-8 验证位移互等试验结果分析

梁高 = 18mm			梁宽 = 18mm		惯性矩 $I=$ mm^4		弹性模量 $E=$ GPa	
跨距 $L=400$mm			$OA=200$mm		$AC=100$mm		载荷 $F=800$N	
A 处加载	次	f_c^0 (mm)	f'_c (mm)	A 处加载荷 F 时 C 处挠度 $f_c=f_c^0-f'_c$ (mm)	C 处加载	次	f_A^0 (mm)	f'_A (mm)	C 处加载荷 F 时 A 处挠度 $f_A=f_A^0-f'_A$ (mm)
	1					1			
	2					2			
	3					3			
	平均	/	/			平均	/	/	

第七节 悬臂梁弯曲验证位移互等定理、测定静不定梁铰支处支反力

悬臂梁跟简支梁一样是力学实验中常见的模型，本次实验应用悬臂梁的模型来验证位移互等定理，再次加深对位移互等定理的理解。同时测定静不定梁铰支处的支反力，理解求解静不定问题的实质。

一、实验目的

（1）验证位移互等定理。

（2）测定静不定梁铰支处的支反力，并与理论值比较。

（3）深刻理解变形比较法解静不定问题的实质。

二、实验原理

悬臂梁的尺寸如图5-9所示，对悬臂梁在A点加载荷F，测出B点的挠度f_B[见图5-10（a）]。再在B点施加同样大小的载荷F，测出A点的挠度f_A[见图5-10（b）]。比较这两个测量值，它们是否与位移互等定理相符？

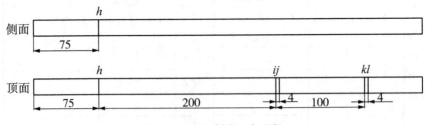

图5-9 悬臂梁尺寸示意

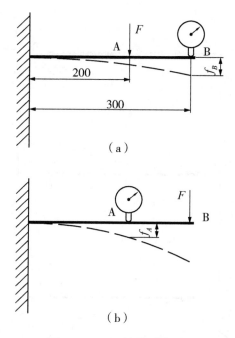

图 5-10 悬臂梁加载示意

若在上述悬臂梁 B 处铰支,就成静不定梁[见图 5-11（a）]。支反力 R_B 就等于对图 5-11（b）中的梁在 B 处向上施力使 B 点向上的挠度 f'_B 达到 $f'_B = |f_B|$ [f_B 是图 5-10（a）中的 f_B] 时的力。故只要对图 5-11（b）中的梁在 B 点施加向上的力,同时测量 B 点挠度 f'_B,当 $f'_B = |f_B|$ 时,这力就是 R_B。考虑到实验装置的固定端支承不理想,为减少误差,在 B 点向下施力,同时测 B 点挠度[见图 5-11（c）],当挠度达到 f_B 时,力的大小就是 $|R_B|$（方向与 R_B 相反）。

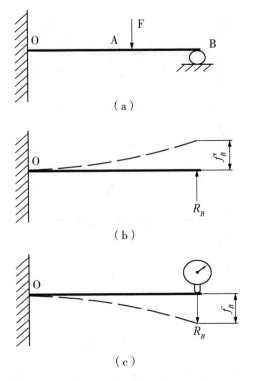

图 5-11 静不定梁加载示意

三、实验步骤

（一）开始测量

力传感器接线，设置参数，在无载情况下平衡，并转入测量状态。将力传感器的红、蓝、白、绿四线依次接在 0 通道的 A、B、C 和 D 端。设置力传感器的校正系数，载荷限值设置为 500 N。设置完成后按"BAL"键，再按"MEAS"键。

（二）A 点加载，测 B 点挠度

（1）将固定端支架安装在距传感器中心线 200 mm 的位置（有销

定位)。将梁安装到支架上,安装时注意使梁侧面上的 h 线与支座的右侧面对齐,且使梁大致在加载器两拉杆正中位置。

(2) 将载荷作用点定位块固定在梁上,使其左侧面对准梁顶面上的 j 线。安装百分表,使其测杆在 k 线处垂直地与梁接触,且预压 5~7 mm。调整表盘位置,使大指针指"0"时小指针指整数。将传感器上、下位置调整合适,再调整加载器两拉杆上的螺母,使压辊均匀地与梁接触。

(3) 使加载器压辊紧靠定位块,加初载荷 100 N,记录百分表读数 f_B^0,再加载至 400 N,记录百分表读数 f'_B。于是在 A 处加载荷 300 N 使 B 处产生的挠度就是 $f_B = f_B^0 - f'_B$。重复测量三次,取平均值 $\overline{f_B}$。

(三) B 点加载,测 A 点挠度

(1) 卸载后,重新安装定位块,使其左侧面对准梁顶面上的 l 线。重新安装固定端支架,使它到传感器中心线距离为 300 mm(有销定位)。安装百分表,使其测杆在 i 线处垂直地与梁接触,且预压 5~7 mm。调整加载器使压辊与梁均匀地接触。

(2) 加初载荷 100 N,记录百分表读数 f_A^0,继续加载至 400 N,记录百分表读数 f'_A。于是在 B 处加载荷 300 N 使 A 处产生的挠度就是 $f_A = f_A^0 - f'_A$。重复测量三次,取平均值 $\overline{f_A}$。

(四) 测支反力 R_B

在做完前一项实验卸载后,将百分表顶在加载器拉杆端头,且预压 5~7 mm,加载荷 100 N。记录百分表读数 f_{B1}^0,计算产生挠度 $\overline{f_B}$ 时百分表应达到的读数值 $f'_{B1} = f_{B1}^0 - \overline{f_B}$。继续加载,当百分表读数达

到 f'_{B1} 时，读取载荷值，这就是支反力 R_B 的大小。重复测量三次。

（五）卸载

试验台和仪器恢复原状。实验数据以表格形式记录。

四、实验结果及分析

（1）按表 5-9 计算 A 处三次加载后 B 处产生的挠度平均值和 B 处加载三次后 A 处产生的挠度平均值。比较之，做出是否满足位移互等定理的结论。

表 5-9 挠度平均值计算与数据处理

梁高 = 18mm				梁宽 = 18mm	惯性矩 $I =$ mm^4			弹性模量 $E =$ GPa
OA = 200mm				OB = 200mm	载荷 $F = 300$N			
A处加载	次	f_B^0 (mm)	f'_B (mm)	A 处加载荷 F 时 C 处挠度 $f_B = f_B^0 - f'_B$ (mm)	B处加载	次	f_A^0 (mm)	f'_A (mm)	C 处加载荷 F 时 A 处挠度 $f_A = f_A^0 - f'_A$ (mm)
	1					1			
	2					2			
	3					3			
	平均	/	/	$\overline{f_B} =$		平均	/	/	$\overline{f_A} =$

（2）按表 5-10 记录并计算支反力 R_B 实验值。用理论公式计算支反力 R_B，计算实验值与理论值的相对误差（以理论值为准）。

表 5-10 支反力 R_B 实验值记录与计算

梁高 = 18mm	梁宽 = 18mm	惯性矩 $I =$ mm^4	弹性模量 $E =$ GPa
OA = 200mm	OB = 200mm	载荷 $F = 300$N	$\overline{f_B} =$ mm

次	B 处百分表初读数 f_{B1}^0 (mm)	B 处百分表终读数 $f'_{B1} = f_{B1}^0 - \overline{f_B}$ (mm)	支反力 R_B (N)
1			
2			
3			
平均	/	/	

第八节　偏心拉伸（拉、弯组合）内力素测定实验

工程上很多构件都是不规则的，同样受力也会多种多样，因此会出现偏心拉伸现象。偏心拉伸实际上就是拉伸跟弯曲的结合，本次实验通过对偏心试样的拉伸来理解偏心拉伸的实质问题，熟悉对拉弯变形的测量方法。

一、实验目的

（1）测定偏心拉伸试样的弹性模量 E。
（2）测定偏心拉伸试样的偏心距 e。
（3）学习拉、弯组合变形时分别测量各内力产生的应变成分的方法。

二、实验原理

由电测原理知，全桥接法的电阻应变仪读数为

$$\varepsilon_{du} = \varepsilon_1 - \varepsilon_2 + \varepsilon_3 - \varepsilon_4 \quad (5.22)$$

式中 ε_{du} 为仪器读数。

从此式看：相邻两臂应变符号相同时，仪器读数相互抵消；应变符号相异时，仪器读数绝对值是两者绝对值之和。相对两臂应变符号相同时，仪器读数绝对值是两者绝对值之和；应变符号相异时，仪器读数相互抵消。此性质称为电桥的加减特性。利用此特性，采用适当的布片和组桥，可以将组合载荷作用下各内力产生的应变成分分别单独测量出来，且减少误差，提高测量精度。这就是所谓内力素测定。

图 5-12 中 R_A 和 R_B 的应变均由拉伸和弯曲两种应变成分组成，即

$$\varepsilon_a = \varepsilon_F + \varepsilon_M \tag{5.23}$$

$$\varepsilon_b = \varepsilon_F - \varepsilon_M \tag{5.24}$$

式中 ε_F 和 ε_M 分别为拉伸和弯曲应变的绝对值。

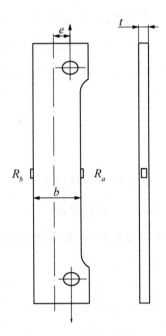

图 5-12　偏心拉伸试样及贴片示意

若如图 5-13 组桥，则由式 (5.23) 和式 (5.24) 得

$$\varepsilon_{du} = \varepsilon_a + \varepsilon_b = 2\varepsilon_F \tag{5.25}$$

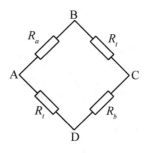

图 5 – 13　相对半桥示意

若如图 5 – 14 组桥，则由式（5.23）和式（5.24）得

$$\varepsilon_{du} = \varepsilon_a - \varepsilon_b = 2\varepsilon_M \tag{5.26}$$

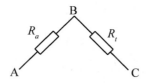

图 5 – 14　相邻半桥示意

通常将从仪器读出之应变值与待测应变值之比称为桥臂系数。故上述两种组桥方法的桥臂系数均为 2。

为了测定弹性模量 E，可如图 5 – 13 组桥，并等增量加载，即 $F_i = F_0 + i \cdot \Delta F (i = 1, 2, \cdots, 5)$，末级载荷 F_5 不应使材料超出弹性范围。初载荷 F_0 时应变仪调零，每级加载后记录仪器读数 ε_{dui}，用最小二乘法可计算出弹性模量 E：

$$E = \frac{\alpha \cdot \Delta F}{bt} \cdot \frac{\sum_{i=1}^{5} i^2}{\sum_{i=1}^{5} i\varepsilon_{dui}} \tag{5.27}$$

式中 α 为桥臂系数。

为了测定偏心距 e，可如图 5 – 14 组桥。初载荷 F_0 时应变仪调平衡，载荷增加 $\Delta F'$ 后。记录仪器读数 ε_{du}。据胡克定律得弯曲应力为：

$$\sigma_M = E\varepsilon_M = E \cdot \frac{\varepsilon_{du}}{\alpha} \qquad (5.28)$$

$$\sigma_M = \frac{M}{W_z} = \frac{\Delta F' e}{W_z} \qquad (5.29)$$

由式（5.28）和（5.29）得

$$e = \frac{EW_z}{\Delta F'} \cdot \frac{\varepsilon_{du}}{\alpha} \qquad (5.30)$$

三、实验步骤

（一）安装试样

试验台换上拉伸夹具，安装试样。

（二）力传感器接线，设置参数

将力传感器的红、蓝、白、绿四线依次接在0通道的A、B、C和D端。设置力传感器的校正系数，载荷限值设置1600N。

（三）测弹性模量E

按图5-13将有关应变片接入所选通道（注意：B、B′间短接片应脱开），对所选通道设置参数；未加载时平衡测力通道和所选测应变通道电桥。转入测量状态。每增加载荷300N，记录应变读数ε_{dui}，共加载五级，然后卸载。再重复测量，共测三次。数据列表记录。

（四）测偏心距e

按图5-14将有关应变片接入所选通道（注意：B、B′间短接片应脱开），对所选通道设置参数，未加载时平衡测力通道和所选测应变通道电桥。加载荷 1500N 后，记录应变 ε_{du}，然后卸载。再重复测量，共测三次。数据列表记录。

（五）卸载

试验台和仪器恢复原状。

四、实验结果及分析

（一）计算弹性模量 E

将三组数据参考表 5-11 作初步处理，从而找出线性关系最好的一组。再用这组数据按公式（5.27）计算 E。

表 5-11 三组实验数据初步处理

i	$i\Delta F$ (N)	第一组		第二组		第三组	
		$\varepsilon_{dui}(\mu\varepsilon)$	$\Delta\varepsilon_{dui}(\mu\varepsilon)$	$\varepsilon_{dui}(\mu\varepsilon)$	$\Delta\varepsilon_{dui}(\mu\varepsilon)$	$\varepsilon_{dui}(\mu\varepsilon)$	$\Delta\varepsilon_{dui}(\mu\varepsilon)$
0	0	0	/	0	/	0	/
1	300						
2	600						
3	900						
4	1200						
5	1500						

注：$\Delta\varepsilon_{dui} = \varepsilon_{dui} - \varepsilon_{dui-1}$（$i = 1, 2, \cdots, 5$）

计算步骤见表 5-12。

表 5-12 弹性模量的计算

$b=24$mm	$t=5$mm	$\Delta F=300$N	$\alpha=2$
i	$\varepsilon_{dui}(\mu\varepsilon)$	i^2	$i\varepsilon_{dui}(\mu\varepsilon)$
1			
2			
3			
4			
5			
$\sum$		/	

（二）计算偏心距 e

将三次测试记录参考表 5-13 处理，再按公式（5.30）计算偏心距 e。

表 5-13 处理三次测试记录并计算偏心距

$b=24$mm		$t=5$mm		$W_z=$ mm^3	
$\alpha=$		$\Delta F'=1500$ N			
$\varepsilon_{dui}(\mu\varepsilon)$	1	2		3	平均

第九节 薄壁圆筒受弯、扭组合载荷时内力素测定

薄壁圆筒在工程上应用广泛，很多工程结构中都采用钢管。薄壁圆筒在工程中的受力也是多种多样，所以对薄壁圆筒受力测量时需要同时考虑拉、弯、扭中的两个或者三个。本次实验是对薄壁圆筒受弯扭载荷时的内力进行测定。

一、实验目的

(1) 测定薄壁圆筒受弯、扭组合载荷时指定截面上的弯矩、扭矩和剪力,并与理论值比较。

(2) 学习布片原则、应变成分分析和各种组桥方法。

二、薄壁圆筒的结构、尺寸和加载方式

薄壁圆筒的结构、尺寸和加载方式如图 5-15 所示。

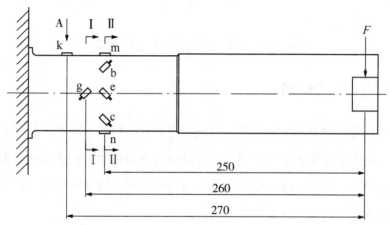

(a)

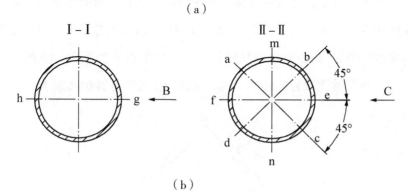

(b)

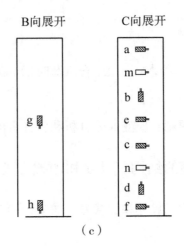

(c)

图 5-15 薄壁圆筒的结构及贴片示意

三、实验原理

在进行内力素测定实验时，应变片布置采用如下原则：若欲测的内力引起单向应力状态，则应变片沿应力方向粘贴；若欲测的内力引起平面应力状态，则应变片沿主应力方向粘贴。应变片粘贴的位置应选在欲测的内应力产生最大应力的地方。

为测定弯矩，可选用应变片 m 和 n。由于它们只能感受到弯矩产生的应变，且 $\varepsilon_m = \varepsilon_M$，$\varepsilon_n = -\varepsilon_M$（式中 ε_M 为最大弯曲正应力产生的应变绝对值）。根据电桥的加减特性，将它们组成如图 5-16 所示之半桥，则仪器读数为：$\varepsilon_{du} = 2\varepsilon_M$。根据 ε_M 就能计算出弯矩 M。

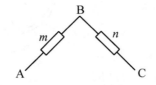

图 5-16 相邻半桥接法示意

为测定扭矩，有许多布片和组桥方案。现以一种方案为例来说明应变成分分析和组桥原理。在应变片 a 处取单元体，其上有弯曲正应力 σ_{aM}、扭转剪应力 τ_{aT} 和弯曲剪力产生的剪应力 τ_{aQ}，其应力状态可看作三者的叠加（见图 5 – 17）。

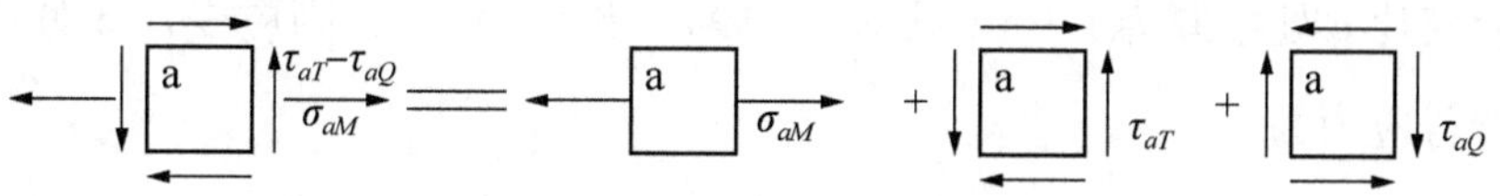

图 5 – 17　应力状态示意

从图 5 – 17 中"＝"右端的三项看出 σ_{aM} 和 τ_{aT} 均使应变片 a 产生拉应变，τ_{aQ} 使应变片 a 产生压应变，于是可对应变片 a 感受到的应变作如下分解：

$$\varepsilon_a = \varepsilon_{aM}^+ + \varepsilon_{aT}^+ + \varepsilon_{aQ}^-$$（等号右边各项上的符号表示该应变是拉或压）

对应变片 c 作类似分析，可得：

$$\varepsilon_c = \varepsilon_{cM}^- + \varepsilon_{cT}^+ + \varepsilon_{cQ}^+$$

由于 a、c 分别处于圆筒直径的两端，它们距中性轴距离相同，故

$$|\varepsilon_{aM}| = |\varepsilon_{cM}|, |\varepsilon_{aQ}| = |\varepsilon_{cQ}|, 而 \varepsilon_{aT} = \varepsilon_{cT} = \varepsilon_T$$

式中 ε_T 为扭转主应变的绝对值。

若如图 5 – 18 组桥（图中 R_t 为温度补偿片），则

$$\varepsilon_{du} = \varepsilon_a + \varepsilon_c = \varepsilon_{aT} + \varepsilon_{cT} = 2\varepsilon_T \tag{5.31}$$

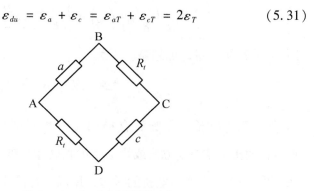

图 5 – 18　相对半桥接法示意

说明仪器读数是扭转主应变的两倍。由 ε_T 就能计算出扭矩 T 的值。

如果薄壁圆筒内、外圆不同心，用这样的布片和组桥方法还能消除偏心对扭距测量值产生的误差。证明如下：

设平均壁厚为 t，内外圆存在偏心 δ，则应变片 a 处壁厚为 $t+\delta$，应变片 c 处壁厚为 $t-\delta$（见图 5-19）。设剪力为 f，则应变片 a 处扭转剪应力为

$$\tau_a = \frac{f}{t+\delta}$$

扭转主应变为

$$\varepsilon_{aT} = \frac{\tau_a}{E}(1+\mu)$$

应变片 c 处扭转剪应力为

$$\tau_c = \frac{f}{t-\delta}$$

扭转主应变为

$$\varepsilon_{cT} = \frac{\tau_c}{E}(1+\mu) \tag{5.32}$$

式中 μ 为泊松比。仪器读数

$$\varepsilon_{du} = \varepsilon_a + \varepsilon_c = \varepsilon_{aT} + \varepsilon_{cT} = \frac{1+\mu}{E}(\tau_a + \tau_c) =$$

$$\frac{1+\mu}{E}\left(\frac{f}{t+\delta} + \frac{f}{t-\delta}\right) = \frac{1+\mu}{E} \cdot \frac{2ft}{t^2-\delta^2} \tag{5.33}$$

式中 δ^2 是高阶小量，可忽略。于是

$$\varepsilon_{du} = \frac{1+\mu}{E} \cdot \frac{2f}{t} = 2\varepsilon_T \tag{5.34}$$

综上所述可得结论：在圆筒直径两端沿相同符号扭转主应变方向（均沿正的扭转主应变方向或均沿负的扭转主应变方向）成对地粘贴应变片，并将它们作为电桥的对边，用温度补偿片作为电桥的另一对边时，仪器读数是扭转主应变的两倍，且能消除圆筒内、外圆不同心

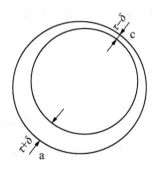

图 5-19 偏心薄壁圆筒示意

的影响。

但应说明，上述方案还不是最佳方案，最佳方案请同学自己设计。

为了测定弯曲剪力 Q，可选用应变片 e 和 f，它们均处于弯曲变形中性层位置，弯曲正应力为零，弯曲剪应力达最大值，它们均只能感受到扭矩和剪力产生的应变，即

$$\varepsilon_e = \varepsilon_{eT}^+ + \varepsilon_{eQ}^+$$

$$\varepsilon_f = \varepsilon_{fT}^+ + \varepsilon_{fQ}^-$$

且 $\varepsilon_{eT} = \varepsilon_{fT} = \varepsilon_T$，$\varepsilon_{eQ} = -\varepsilon_{fQ} = \varepsilon_Q$，式中 ε_T 和 ε_Q 分别是扭转主应变的绝对值和最大弯曲剪应力产生的主应变的绝对值。

将应变片 e 和 f 如图 5-20 组桥，则仪器读数

$$\varepsilon_{du} = \varepsilon_e - \varepsilon_f = \varepsilon_{eQ} - \varepsilon_{fQ} = 2\varepsilon_Q$$

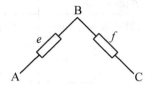

图 5-20 e 和 f 组桥方式

说明仪器读数是最大弯曲剪应力产生的主应变的两倍，根据 ε_Q 就能计算出剪力 Q 的值。

必须说明，图 5-20 所示的电桥也不是测 Q 的最佳方案，最佳方案请同学自己设计。

四、实验步骤

将事先拟定的接桥方案交老师检查，以确定其中是否有最佳方案。若无最佳方案，请求老师提示后继续思考，设计出最佳方案。

三种内力分别测定。对每一种内力要以两种方案（其中至少有一种是最佳方案）测试。

各方案实验步骤如下：

（1）将弯扭组合实验装置安装到位（有销定位）并固定，将加载用附件安装好。

（2）力传感器接线，设置参数。将力传感器的红、蓝、白、绿四线依次接在 0 通道的 A、B、C 和 D 端。设置力传感器的校正系数，载荷限值设置为 400 N。

（3）按方案将有关应变片接入所选通道组桥。对所选通道设置参数。未加载时平衡测力通道和所选测应变通道电桥，施加载荷至 300 N，记录应变 ε_{du}，然后卸载。再重复测量，共测三次。

数据列表记录（见表 5-14）。

表 5-14 两种方案测定内力

测量对象	方案一			方案二		
	电桥	桥臂系数	ε_{du}（$\mu\varepsilon$）	电桥	桥臂系数	ε_{du}（$\mu\varepsilon$）
ε_M						

测量对象	方案一			方案二		
	电桥	桥臂系数	$\varepsilon_{du}(\mu\varepsilon)$	电桥	桥臂系数	$\varepsilon_{du}(\mu\varepsilon)$
ε_T						
ε_Q						

五、实验结果及分析

取最佳方案的原始数据按表 5–15 初步处理，然后计算出 ε_M、ε_T 和 ε_Q，再计算相应的应力和内力，计算与理论内力值的相对误差。

表 5–15　试验数据处理与计算

$D=40\text{mm}$		$D=36.4\text{mm}$		$L_M=250\text{mm}$		$L_T=230\text{mm}$	
$E=\quad\text{GPa}$		$\mu=$		$F=300\text{N}$			
测量对象	电桥	桥臂系数 α	$\varepsilon_{du}(\mu\varepsilon)$			平均读数 $\bar{\varepsilon}_{du}(\mu\varepsilon)$	应变值 $=\dfrac{1}{\alpha}\cdot\bar{\varepsilon}_{du}(\mu\varepsilon)$
			第一次	第二次	第三次		
ε_M							
ε_T							
ε_Q							

第十节　薄壁圆筒弯扭组合主应力测定

上次实验是对薄壁圆筒受到弯扭组合的载荷时的内力进行测定，

而本次实验是对薄壁圆筒受弯扭组合时的主应力进行测定，对薄壁圆筒受组合力时的应力变化进行理解。

一、实验目的

（1）测定薄壁圆筒弯扭组合变形时指定点的主应力和主方向，并与理论计算值比较。

（2）学习用应变花测定构件某点主应力和主方向的方法。

二、实验原理

据平面应变分析理论知，若某点任意三个方向的线应变已知，就能计算出该点的主应变和主方向，从而计算出主应力。因此测量某点的主应力和主方向时，必须在测点布置三枚应变片。通常将三个敏感栅粘贴在同一基底上，称为应变花。常用的应变花有两种：①三敏感栅轴线互成120°角，称等角应变花，如图5-21所示。②两敏感栅轴线互相垂直，另一敏感栅轴线在它们的分角线上，称为直角应变花。我们采用的是前者。

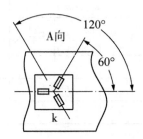

图5-21 等角应变花示意

由应变分析和应力分析理论知，测得 ε_0、ε_{60} 和 ε_{120} 后，可按下列公式计算主应力和主方向：

$$\frac{\sigma_1}{\sigma_2} = \frac{E(\varepsilon_0 + \varepsilon_{60} + \varepsilon_{120})}{3(1-\mu)} \pm \frac{\sqrt{2}E}{3(1-\mu)}$$

$$\sqrt{(\varepsilon_0-\varepsilon_{60})^2+(\varepsilon_{60}-\varepsilon_{120})^2+(\varepsilon_{120}-\varepsilon_0)^2} \qquad (5.35)$$

$$tg2\alpha_0=\frac{\sqrt{3}(\varepsilon_{60}-\varepsilon_{120})}{2\varepsilon_0-\varepsilon_{60}-\varepsilon_{120}} \qquad (5.36)$$

三、实验步骤

（1）将弯扭组合实验装置安装到位（有销定位）并固定，将加载用附件安装好。

（2）力传感器接线，设置参数。将力传感器的红、蓝、白、绿四线依次接在0通道的A、B、C和D端。设置力传感器的校正系数，载荷限值设置为400N。

（3）将应变花的三个敏感栅分别接入所选通道，按多点1/4桥公共补偿法接线，并设置参数。未加载荷时平衡各通道（包括0通道），载荷增加至300N时，记录各应变。然后卸载。重复测量，共测三次。数据列表记录。

四、实验结果及分析

三次实验数据按表5-16初步处理，然后根据式（5.35）和式（5.36）计算出主应力和主方向实验值。再计算主应力和主方向的理论值，并且以理论值为准，计算实验值的相对误差。

表5-16 实验数据处理与计算

$D=40$mm		$d=36.4$mm		$L_M=270$mm		$L_T=230$mm	
$E=$ GPa		$\mu=$		$F=300$N			
测量对象		第一次		第二次		第三次	平均
$\varepsilon_0(\mu\varepsilon)$							
$\varepsilon_{60}(\mu\varepsilon)$							
$\varepsilon_{120}(\mu\varepsilon)$							

第十一节　压杆稳定性实验

压杆是工程上最常见的结构之一，压杆稳定一直是工程中所关注的问题。本次实验是对压杆问题进行实验的测量，观察压杆的失稳现象，从而对工程中的失稳问题有一个全面的理解。

一、实验目的

（1）测定两端铰支压杆的临界载荷 F_{cr}，验证欧拉公式。
（2）观察两端铰支压杆的失稳现象。

二、实验原理

两端铰支的细长压杆，临界载荷 F_{cr} 用欧拉公式计算：

$$F_{cr} = \frac{\pi^2 EI}{L^2} \qquad (5.37)$$

式中 E 是材料弹性模量，I 为压杆横截面的最小惯性矩，L 为杆长。

上式是在小变形和理想直杆的条件下推导出来的。当载荷小于 F_{cr} 时，压杆保持直线形状的平衡，即使有横向干扰力使压杆微小弯曲，在撤除干扰力以后仍能回复直线形状，是稳定平衡。当载荷等于 F_{cr} 时，压杆处于临界状态，可在微弯情况下保持平衡。把载荷 F 作为纵坐标，把压杆中点挠度 δ 作为横坐标，按小变形理论绘制的 $F-δ$ 曲线为图 5-22 中的 OAB 折线。但实际的杆总不可能理想地直，载荷作用线也不可能理想地与杆重合，材料也不可能理想地均匀。因此，在载荷远小于 F_{cr} 时就有微小挠度，随着载荷的增大，挠度缓慢的增加，当载荷接近 F_{cr} 时，挠度急速增加。其 $F-δ$ 曲线如图 5-22

中 OCD 所示。工程上的压杆都在小挠度下工作，过大的挠度会产生塑性变形或断裂。只有比例极限很高的材料制成的细长杆才能承受很大的挠度使载荷稍高于 F_{cr}（如图 5-22 中虚线 DE 所示）。

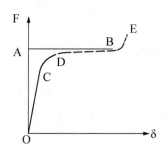

图 5-22　压杆载荷与挠度之间的关系

实验测定 F_{cr}，可用百分表测杆中点处挠度 δ，绘制 F-δ 曲线的水平渐进线就得到临界载荷。由于弯曲变形的大小也反映在试样中点的应变上，所以也可在杆中点处两侧各粘贴一枚应变片，将它们组成半桥，记录应变仪读数 ε_{du}，绘制 F-ε_{du} 曲线。作 F-ε_{du} 曲线的水平渐进线，就得到临界载荷 F_{cr}。

三、实验步骤

（一）测量试样尺寸

用钢板尺测量试样长度 L，用游标卡尺测量试样上、中、下三处的宽度 b 和厚度 t，取其平均值。用来计算横截面的最小惯性矩 I。

（二）拟定加载方案，并估算最大容许变形

按欧拉公式计算 F_{cr}，在初载荷（200N）到 $0.8 F_{cr}$ 间分 4～5 级加载，当加载力值超过 $0.8 F_{cr}$ 时就改为每次加载 20N 记录数据。接近临界载荷时，改为每次加载 5N 记录数据。

取许用应力 $[\sigma] = 200\text{MPa}$，按下列公式估算容许最大应变仪读数 $\varepsilon_{du\max}$：

$$\frac{F_{cr}}{bt} + \frac{E\varepsilon_{du\max}}{2} \leq [\sigma] \tag{5.38}$$

（三）力传感器接线，设置参数

将力传感器的红、蓝、白、绿四线依次接在 0 通道的 A、B、C 和 D 端。设置力传感器的校正系数，载荷限值设置为 1500N。

（四）安装试样

试样两端应尽量放置在上、下 V 形座正中央。将试样两侧的应变片组成半桥，并对所选通道设置参数。未加载时平衡测力通道和所选测应变通道电桥，然后转入测量状态。加 200N 初载荷后，记录应变仪读数。

（五）按方案加载，记录数据

按方案加载，每级加载后，读取载荷值和应变仪读数。接近临界载荷时，改为每次加载 5N 记录数据。当加载 5N 应变增量绝对值达到 $500\mu\varepsilon$，就改为每次加载 1N。当连续有三次加载的应变增量绝对值都超过 $100\mu\varepsilon$ 时就可以停止实验。实验数据以表格形式记录。

（六）整理

卸去载荷，实验台恢复原状。

四、实验结果及分析

根据实验数据绘制 $F - \varepsilon_{du}$ 曲线，作它的水平渐进线，确定临界

载荷 F_{cr} 实验值。

根据尺寸测量数据计算宽度和厚度的平均值,从而计算最小惯性矩 $I_{\min}$,用欧拉公式计算临界载荷 F_{cr} 理论值,以理论值为准计算临界载荷实验值的相对误差。

表 5-17 实验数据处理与计算

长度 L (mm)	宽度 $b=$ (mm)				厚度 $t=$ (mm)				最小惯性矩 (mm^4)	弹性模量 E (GPa)	许用应力 $[\sigma]$ (MPa)
	上	中	下	平均	上	中	下	平均			
i			0	1	2	3	……				
载荷 F_i (N)			0	200			……				
应变仪读数 ε_{dui} ($\mu\varepsilon$)			0				……				

第六章 工程设计综合类实验

第一节 规定非比例伸长应力测定

比例极限、弹性极限等在材料力学中都有明确的理论定义,但按照理论定义来测定这些极限值在实验技术上有困难。因此,工程界曾使用过"条件比例极限",国家标准 GB 228—76 用拉伸曲线斜率偏离弹性直线段斜率达到某一规定数值(50%)时的应力定义为"规定比例极限"。然而,工程上希望了解的是材料在给定的应力下产生多大的应变,而不是拉伸曲线的斜率偏离了多少。因此,1987 年颁布的国家标准 GB 228—87 取消了用斜率偏离所定义的规定比例极限及其测定方法,提出了规定非比例伸长应力及相应的测定方法。所谓规定非比例伸长应力,就是试样标距部分的非比例伸长达到规定的原始标距百分比时的应力。表示此应力的符号应附以有注说明,例如 $\sigma_{p0.01}$、$\sigma_{p0.2}$ 等分别表示非比例伸长率为 0.01% 和 0.2% 时的应力。除了规定非比例伸长应力外,还有规定非比例扭转应力 $\tau_{p0.015}$ 和 $\tau_{p0.3}$ 等,它们的测定方法与本节讲的方法基本相同。

一、试验目的

(1) 掌握测定规定非比例伸长应力的原理和方法。

(2) 测定金属材料的 $\sigma_{p0.2}$。

二、仪器设备与工具

(1) 电子式万能试验机或其他合适的试验机。
(2) 电子引伸计。
(3) 游标卡尺。

三、试验原理

拉伸试验时的应力如果超出胡克定律的使用范围，则试验的 $P - \Delta l$ 曲线开始偏离直线而发生转弯，变为曲线，伸长不再按开始时的比例而增加，如图 6 – 1 所示。

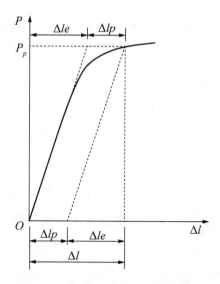

图 6 – 1 拉伸试验非比例伸长曲线

这时试样标距 l_0 的总伸长 Δl 可分为比例伸长 Δl_e 和非比例伸长 Δl_p 两部分，即：

$$\Delta l = \Delta l_e + \Delta l_p \tag{6.1}$$

相应上述伸长的应力为：

$$\sigma_p = \frac{P_p}{A_0} \qquad (6.2)$$

式中 A_0 为试样的初始横截面积。

相应非比例伸长 Δl_p 的应变是：

$$\varepsilon_p = \frac{\Delta l_p}{l_0} \times 100\% \qquad (6.3)$$

当 ε_p 达到某一规定数值时，如 $\varepsilon_p = 0.01\%$，$\varepsilon_p = 0.05\%$ 和 $\varepsilon_p = 0.2\%$，其相应的 σ_p 记为 $\sigma_{p0.01}$、$\sigma_{p0.05}$ 和 $\sigma_{p0.2}$，并称它们为非比例伸长应力。有些国家把 $\sigma_{p0.01}$、$\sigma_{p0.05}$ 和 $\sigma_{p0.2}$ 分别作为规定比例极限、规定弹性极限和规定屈服极限。这样就把"条件比例极限"、"规定弹性极限"和"条件屈服极限"都统一在同一概念规定非比例伸长应力之下了。

测定非比例伸长应力的方法有多种。其中的逐级加载法做法如下：

把各级力作用下的总伸长（或总应变）减去计算所得的比例伸长（或比例应变），得到了非比例伸长（或非比例应变），加载直至得到的非比例伸长（或非比例应变）等于或稍大于所规定的数值为止。根据测得的力和非比例伸长（或非比例应变）的数据，采用内插法，求出规定非比例伸长（或非比例应变）所对应的载荷 P_p 值。然后按式（6.2）求出 σ_p 值。加载试验时，先加预载荷 P_0（约为预定的 P_p 值的 10%），从 P_0 至预计 P_p 值的 80% 之间，分四大等级加载，预计的 P_p 值的 80% 以后，分六级以上的小等级加载，如表 6-1 所示。

表 6 – 1　逐级加力法试验记录

载荷 （kN）	引伸仪或 应变仪读数	计算的比例伸长 或应变	非比例伸长 或应变
P_0			
P_1			
P_2			
P_3			
P_4			
P_5			
P_6			
P_7			
P_8			
P_9			
P_{10}			

测定 σ_p 的第二种方法是图解法，做法如下：

（1）采用电子式万能试验机或用普通试验机在试件上串接应变式力传感器，再安装应变式引伸仪，作出 $P - \Delta l$ 曲线，然后按照以下的几种方法，测定 σ_p。$P - \Delta l$ 曲线有明显弹性直线段，自弹性直线段与伸长轴交点 O 起，截取相当于非比例伸长的 OC 段，$OC = kl_e\varepsilon_p$（k 为伸长或位移的放大倍数，l_e 为引伸计的标距），过 C 点作弹性直线段的平行线 CA 交曲线于 A 点，A 点对应的力 P_p 为所测规定非比例伸长力，如图 6 – 2 所示，然后代入式（6.2）求 σ_p。

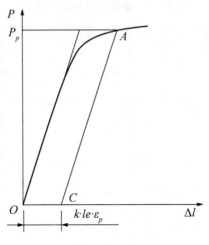

图 6-2 图解法测定 P_p

（2）滞后环法。如 $P-\Delta l$ 曲线无明显弹性直线段，采用滞后环法确定 P_p。试验时，对试样连续施加至预期规定非比例伸长应力所对应的力后，将其卸除至前面所加力的 10% 左右。接着再施力至少进入包迹线范围。正常情况下，将会出现一个滞后环。通过滞后环两端点作直线。

从曲线的真实原点 O 起，截取 OC 段，$OC = kl_e\varepsilon_p$，过 C 作平行于上述直线的直线，交曲线于 A，则 A 点所对应的力为所测规定非比例伸长力 P_p。A 点的取法见图 6-3 (a)、图 6-3 (b)、图 6-3 (c)。仲裁试验时，必须使 CA 线位于滞后环的左侧。除了前面讲的方法之外，还有计算机控制试验机的直接测取 $\sigma_{p0.2}$ 方法和生产检验中允许使用的力-夹头位移曲线确定 $\sigma_{p0.2}$ 方法等。

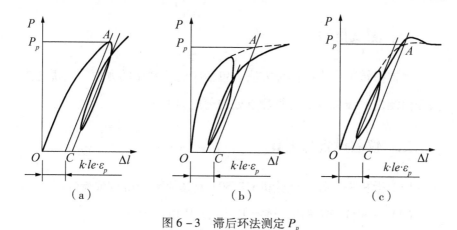

图 6-3 滞后环法测定 P_p

四、试验步骤

（1）调整和设置电子式万能试验机的档位、参数。测量试件尺寸。

（2）装夹试件、电子引伸计。

（3）按逐级加力法进行加载试验，记录测试结果。

（4）计算 $\sigma_{p0.2}$。

> **讨论题**
>
> 若金属材料的拉伸曲线无明显的弹性直线段，是否可用逐级加力法？为什么？

第二节 矩形截面梁扭转应力测试

在工程中，矩形截面受扭的例子很多，如曲轴的曲柄、拖拉机上用的方轴、火箭炮平衡机的扭杆等。测出它们受扭时的剪应力具有实际的工程意义。试验通过应变片的方法对矩形截面梁的扭转应力进行试验测量，通过试验加深对矩形截面梁扭转应力的认识，并练习电测的方法。

一、测试目的

掌握扭转剪应力的测量方法。包括应变片粘贴的方位、电桥的接法和由测出的线应变 ε 计算测点处的剪应力 τ 等。

二、仪器设备与工具

（1）微机控制扭转试验机 CTT502 或其他型号扭转试验机。
（2）应变仪 DH3818、游标卡尺、万用电表等。
（3）试件。

三、实验原理

（一）非圆截面杆扭转

图 6-4 表示了矩形截面杆横截面上的切应力分布略图。四个角点上切应力等于零。最大切应力放生与矩形长边的中点，按下列公式计算：

$$\tau_{\max} = \frac{T}{\alpha h b^2} \tag{6.4}$$

式中 $\tau_{\max}$ 为长边中点最大切应力，T 为外力矩，h 为长边长度，b 为短边长，α 为系数。

短边中点的切应力 τ_1 是短边上最大切应力，并按以下公式计算：

$$\tau_1 = \upsilon\, \tau_{\max} \tag{6.5}$$

式中 $\tau_{\max}$ 为长边上的最大切应力，系数 υ 与比值 h/b 有关，可查找相关的材料力学理论。

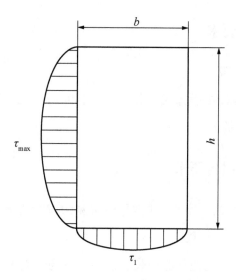

图6-4 矩形截面切应力分布

(二) 实验测定计算

矩形截面梁的应变片布置如图6-5所示,在长边的中间的中点处贴上3个应变片,"1"和"3"号应变片与横向成45°,"2"号应变片在横向方向上,同样"4"和"5"号应变片贴在短边中间的中点上,与横向也成45°。根据广义胡克定律推导出各应变值与扭矩之间的关系(此处略,自行推导)。

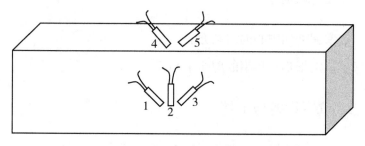

图6-5 矩形截面梁上应变片布置示意

四、测试要求

（1）分级加载。

（2）采用两种接桥方式（1/4桥、半桥），测出截面长边中点的τ_{max}及短边中点的τ_1。

五、实验报告要求

（1）简述测试的原理，并推导由实测的应变值ε计算出该测点τ最大值的计算机表达式。

（2）给出实测的矩形截面长、短边中点的最大剪应力值。

第三节 槽钢、角钢剪切中心测定

剪切中心，也叫作弯曲中心，是某些工程结构设计时需考虑的问题之一。如何通过实验的方法确定剪切中心的位置，是本次试验要解决的问题。

一、试验目的

（1）掌握剪切中心的测试方法。
（2）确定槽钢、角钢的剪切中心。

二、仪器设备与工具

（1）剪切中心试验装置（见图6-6）、砝码、砝码盘。

（2）百分表及磁性表座。

（3）槽钢、角钢试样。

图 6-6 剪切中心试验装置

三、试验要求

(1) 设计测试的方案,讲述其原理。

(2) 各测点分 4 级加载,每级增量相同。

四、实验报告要求

报告中应包括以下的内容:

(1) 用 Excel 作图。位移-荷载图;转角-荷载图。

(2) 确定剪切中心位置,并与理论计算结果进行比较。

第四节 Z 钢、角钢非对称弯曲变形测定

在工程设计中,经常需要考虑杆件、横梁在横向力作用下的变形问题(包括弯曲和扭转),本次试验是测定悬臂不等边角钢和 Z 钢在横向力通过其剪切中心时的非对称弯曲变形。

一、试验目的

(1) 测定悬臂梁在力作用方向的位移 δ_F 和垂直于力作用方向的位移 δ_V，确定它们与加载的角度 α 的关系，以及 δ_F 与 δ_V 之间的关系。

(2) 测定梁对形心主轴 y 和 z 轴的抗弯刚度 EI_y 和 EI_z。

二、仪器设备与工具

(1) 非对称弯曲试验装置（见图 6-7）。

图 6-7 非对称弯曲试验装置

(2) 百分表及磁性表座。

(3) 砝码、砝码盘。

三、试验要求

从 0°开始至 180°，每隔 15°做一次试验，每次试验分 3 级加载，每级荷载的增量相同。

四、实验报告要求

报告中应包括以下的内容：

(1) 用 Excel 作 $\dfrac{\delta_F}{F} - \alpha$ 曲线和 $\dfrac{\delta_V}{F} - \alpha$ 曲线（F 为作用于梁上的横向力）。

(2) 用 Excel 作 $\delta_F - \delta_V$ 曲线图。

(3) 根据实验的数据及曲线图，计算悬臂梁截面分别对两形心主惯性轴的抗弯刚度 $EI_{\max}$ 和 $EI_{\min}$。

(4) 两形心主惯性轴的方位（用图表示）。

第五节 箱形刚架的变形和内力测定

在工程结构中，箱形刚架是一种常见的结构形式。在不同的受力状态下，箱形刚架的应力、变形是设计时必须考虑的实际问题。与前面的设计性实验一样，本测试工作也由读者自己独立完成。

一、试验目的

(1) 测定不同受力形式下的箱形刚架的应力、变形。
(2) 培养读者独立进行试验和实验数据分析的能力。

二、仪器设备与工具

(1) 四柱压力试验机 YES - 1000 其他试验机。
(2) 箱形刚架（见图 6 - 8）。
(3) 百分表及磁性表座。
(4) 砝码、砝码盘。
(5) 应变仪或应变数据采集系统。

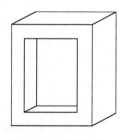

图 6 - 8 箱形刚架

三、试验要求

(1) 测定图 6-9 (a) 受力状态下两对边中点挠度以及弯矩沿刚架的分布。

(2) 测定图 6-9 (b) 受力状态下的矩形截面杆的内力（扭矩、弯矩）沿刚架的分布。

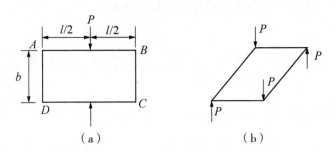

图 6-9 箱形刚架的加载形式

四、实验报告要求

报告中应包括以下的内容：

(1) 论述测试的方案、原理（包括刚架内力分析、应变片布置及接桥等）。

(2) 简述试验的步骤。

(3) 画出 2 种加载形式下的箱形刚架的内力分布图。

第六节 半圆拱试验

二铰半圆拱在工程上常常可以见到。拱趾的水平推力、截面的内力和应力是设计者所关心的问题。本实验通过对半圆拱的应力测试加深对半圆拱的理解，并熟悉应力和位移的测量方法。

一、实验目的

（1）掌握超静定二铰拱水平推力、截面内力、应力和拱变形位移的测量方法。

（2）熟悉拱的力学特性。

二、仪器设备与工具

（1）二铰半圆拱装置。

（2）应变仪。

（3）应变式拉压力传感器。

（4）百分表及磁性表座。

（5）砝码。

三、实验要求

（1）在拱顶加载，测出拱趾水平推力和利用对称性测出拱的一半部分的上下（内外）表面的应变值。

（2）任选拱上的两个点 A、B，用砝码分别挂在该两点上，测出它们的垂向位移。

四、实验报告要求

（1）根据实测得到的应变值进行截面内力 M、N 计算，并画出内力图。

（2）根据测得的应变确定应力，画出拱的内、外表面的应力分布曲线，并与跨度相同且在同样荷载作用下的简支梁应力进行比较。

附： 二铰半圆平拱在拱顶加载荷 W 时，理论分析的结果如下：

水平推力：$F_H = \dfrac{W}{\pi}$

截面内力：$N = -W\left(\dfrac{1}{2}\cos\theta + \dfrac{1}{\pi}\sin\theta\right)$

$M = -WR\left[\dfrac{1}{2}(1 - \cos\theta) - \dfrac{1}{\pi}\sin\theta\right]$

截面应力：$\sigma = \dfrac{N}{A} + \dfrac{M}{AR} + \dfrac{M\eta}{I}$

式中：θ 为拱横截面与水平面的夹角；R 为半圆拱的半径；η 为拱横截面上的点到该面水平方向形心主轴 Z 的距离；I 为拱横截面对 Z 轴的惯性矩。

第七节 复合材料拉伸实验

工程上通常认为，材料的断后伸长率大于 5% 属于韧性断裂，相反则属于脆性断裂。韧性断裂的特征是断裂前有较大的宏观塑性变形，断口形貌是暗灰色纤维状组织。低碳钢断裂前发生很大的塑性变形，其断口为杯状，周边为 45° 的剪切唇，断口组织为暗灰色纤维状，因此是一种典型的韧性断裂断口。

铸铁材料拉伸过程比较简单，其 $\sigma - \varepsilon$ 曲线可以近似认为经弹性阶段直接过渡到断裂，其断口与正应力垂直，断面平齐为闪光的结晶状组织，是一种典型的脆性断口。很明显，铸铁是典型的脆性材料。脆性材料常在没有任何预兆的情况下（特别是在拉伸载荷和冲击载荷作用时）发生突然断裂。因此，这类材料若使用不当，极易发生事故。

大多数金属材料的拉伸曲线介于低碳钢和铸铁之间，常常只有两三个阶段。对于没有明显物理屈服现象的材料，如硬铝合金。如无特殊要求，一般以非比例延伸率为 0.2% 对应的应力材料屈服强度，通常用图解法测定。

除了金属材料之外，在工程上还有很多非金属材料作为结构材料使用，比如高分子材料和复合材料。高分子材料又叫聚合物，其特殊的内部结构造成这种材料独有的特点和繁多的种类。聚合物材料力学性能与金属材料差异很大，其高弹性、黏弹性及很大的断裂伸长率是这种材料独具特色的力学特性。复合材料是由两种或两种以上组分材料组合的，其性能集中了组分材料的优点，并大大优于组分材料。结构用的复合材料主要是以高聚物为基体，增强材料采用连续纤维如玻璃纤维、碳纤维等组成的纤维增强复合材料。俗称为玻璃钢的材料就是玻璃纤维与环氧树脂复合而成的复合材料，其强度和刚度都比较高，又有绝缘和质量轻等特点，因此在很多地方替代金属。

一、实验目的

（1）测定复合材料的拉伸强度 σ_b。

（2）测定复合材料的弹性模量 E。

（3）测定复合材料的割线弹性模量 E_s。

（4）测定破坏（或最大载荷）伸长率 εt。

二、实验设备和仪器

（1）微机控制电子万能实验机。

（2）电阻应变仪。

三、实验试样

（一）试样形状

试样形状如图 6-10（a）、图 6-10（b）、图 6-10（c）所示。

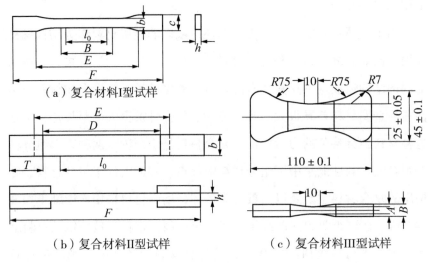

图 6-10 复合材料试样

Ⅰ型试样——适用于测定玻璃纤维织物增强热塑性和热固性塑料板材的拉伸强度。

Ⅱ型试样——适用于测定玻璃纤维织物增强热固性塑料板材的拉伸强度。

Ⅲ型试样——仅适用于测定模压短切玻璃纤维增强塑料的拉伸强度;而测定该材料的其他拉伸性能时仍用Ⅰ型或Ⅱ型试样。

表 6-2 所示的为Ⅰ型、Ⅱ型试样尺寸。表 6-3 所示的为模压拉伸试样尺寸。

表 6-2 Ⅰ型、Ⅱ型试样尺寸 （单位：mm）

尺寸符号	Ⅰ型	Ⅱ型
总长（最小）F	180	250
端部宽度 C	20±0.5	—
厚度 h	2~10	2~10
中间平行段长度 B	55±0.5	—
中间平行段宽度 b	10±0.2	25±0.5

尺寸符号	Ⅰ型	Ⅱ型
标距（或工作段）长度 L_0	100 ± 0.5	—
夹具间距离 E	115 ± 5	170 ± 0.5
端部加强片间距离 D	—	150 ± 0.5
端部加强片最小长度 T	—	50

表6-3　模压拉伸试样尺寸　　　　　　　（单位：mm）

试样厚度	A	B
6	6 ± 0.05	10
3	3 ± 0.05	6

（二）试样制备

1. 制备方法

Ⅰ型、Ⅱ型试样采用机械加工法制备，重型试样采用模塑法制备。

2. Ⅰ型试样加强片的材料、尺寸及其黏结

（1）加强片材料采用与试样相同的材料或铝板材料。

（2）加强片尺寸：其厚度为2～3mm。其宽度为：采用单根试样黏结时，加强片的宽度就取为试样的宽度；若采用整体黏结后再加工成单根试样，则宽度应满足所要加工试样的要求。

（3）加强片的黏结：用细砂纸打磨（或喷砂）黏结表面，注意不应损伤材料强度。然后用溶剂（如丙酮）清洗黏结表面，再用韧性较好的室温固化胶（如环氧胶粘剂）黏结。注意：要对试样黏结部位加压一定的时间。

（三）试样数量

必须保证有5个有效试样。

四、实验原理

复合材料拉伸试验适用于测定玻璃纤维织物增强塑料板材和短切玻璃纤维增强塑料的拉伸力学性能。在假设材料均匀、各向同性、应力应变关系符合胡克定律的前提下,其力学性能一般仍按材料力学公式计算。但对纤维增强塑料实际上不太符合这些假设,试验过程中不完全符合胡克定律,在超过比例极限以后,往往在纤维和树脂的黏结面处会逐步出现微裂缝,形成一个缓慢的破坏过程。这时,要记下其发出的声响和试样表面出现白斑时的载荷,并绘制其破坏图案。

拉伸实验是指在规定的温度[(23±2)℃],湿度(相对湿度45%~55%)和试验速度下,沿试样纵轴方向施加拉伸载荷使其破坏的实验。其相应的材料力学性能指标如下。

(一)拉伸强度 σ_b

当试样拉伸至最大载荷时,记录该瞬时载荷,由下式计算拉伸强度:

$$\sigma_b = \frac{F_{\max}}{bh} \tag{6.6}$$

式中 $F_{\max}$ 为试验最大载荷;b 为试样宽度;h 为试样厚度。

(二)弹性模量 E

试样是预先按规定方向(如板的纵向和横向)切割而成的,使各向异性材料转变为单向取样测量,故可假定在这种形式的试样上其应力、应变关系遵循胡克定律,其拉伸弹性模量 E 可表示为:

$$E = \frac{l_0 \Delta F}{bh \Delta l} \tag{6.7}$$

式中 ΔF 为载荷-位移曲线上初始直线段的载荷增量；Δl 为与载荷增量 ΔF 对应的标距 l_0 内的位移增量。

（三）割线弹性模量 E_s

若材料的拉伸应力-应变曲线没有初始直线段，则可测定其规定应变下的割线弹性模量，它是曲线上原点和规定应变相对应点的连线的斜率，称之为拉伸割线弹性模量。由下式计算：

$$E_s = \frac{Fl_0}{bh\Delta l_s} \quad (6.8)$$

式中 Es 为在 0.1%、0.2% 或 0.4% 应变下的拉伸割线弹性模量；F 为载荷-位移曲线上产生规定应变时的载荷；Δls 为与载荷 F 对应的标距 l_0 内的变形值。

（四）破坏（或最大载荷）伸长率 ε_t

试样拉伸破坏时或最大载荷处的伸长率，称为破坏（或最大载荷）伸长率，记为 ε_t（%），按下式计算：

$$\varepsilon_t = \frac{\Delta l_b}{l_0} \times 100\% \quad (6.9)$$

式中 Δl_b 为试样拉伸破坏时或最大载荷处标距 l_0 内的伸长量。

五、实验步骤

（一）试样准备

试验前，试样在试验标准环境中至少放置 24h。不具备环境条件者，试样可在干燥器内至少放置 24h。

用游标卡尺在试样工作段内的任意三处，测量其宽度和厚度，取算术平均值。

（二）试验机和仪器准备

（1）设定试验机的加载速度。测定拉伸强度时，Ⅰ型试样的加载速度为 10mm/min；Ⅱ型、Ⅲ型试样的加载速度为 5mm/min；测定拉伸弹性模量等时，加载速度一般为 2mm/min。

（2）预估最大载荷，设定加载力值。

（3）夹持试样，使试样的中心线与上、下夹具的对准中心线一致，并在试样工作段安装电子引伸计，施加初载（约为破坏载荷的 5%）。

（4）将电子引伸计、电阻应变仪、控制电脑相连接。

（三）试验

加载，自动记录载荷－变形曲线。连续加载至试样破坏，记录破坏载荷（或最大载荷）及试样破坏形式。

必须指出：在试样拉伸过程中，一要注意听有否开裂声，二要注意观察试样表面上有否白斑出现。当发出开裂声和有白斑出现时，应记录此时的载荷，此时，拉伸应力－应变曲线形成折线，形成所谓第一弹性模量和第二弹性模量问题。形成第二弹性模量是复合材料的特点，其原因是，在受力状况下树脂和纤维延伸率不同，在界面处出现开裂，此时，复合材料中有缺陷的纤维先行断裂，使纤维总数少于起始状态时的数量，相应每根纤维上受力增加，形变也就增加，致使弹性模量降低。

若试样出现以下情况，则试验无效：①试样破坏在内部缺陷明显处。②Ⅰ型试样破坏在夹具内或圆弧处；重型试样破坏在夹具内，或试样断裂处离夹紧处的距离小于 10mm。

（四）试验结果处理与分析

（1）通过记录曲线，采集载荷与相应的变形值，计算得到拉伸强度、弹性模量（或拉伸割线弹性模量）和伸长率。

（2）Ⅱ型试样破坏在非工作段时，仍用工作段横截面积来计算，记录试样断裂位置。

附录一　金属材料拉伸现象的细微观解释

材料受力时的力学行为，应由细观、微观构造及其性质所决定。

金属材料都具有晶体固态结构。由一个晶核生成的晶体中的原子都按一定规则、形状整齐地排列，这种晶体称为单晶体。多数金属材料是由许多随机分布的小晶体（称为晶粒）组集成的，称为多晶体。

每个单晶体内金属原子按一定规则构成一空间点阵。下面我们仅以最基本的简单立方点阵在一个点阵平面内各原子受力时的力学表现解释金属材料的力学性能。

一、金属材料的弹性和线性

金属原子之间随着原子间距的改变，其相互作用力本质上是电荷间的库仑力。当材料承受外力作用时，为了保证平衡，要求原子间沿外力作用方向伸长。这时材料内部原子间产生拉力，与外力平衡。如果材料受压，产生压缩，使原子间产生压力与外力平衡。构件受拉、受压时，多晶体每个晶粒内原子间位移的方向，不一定是金属原子键的结合方向。晶格的变形可能反映每个金属原子受力实际是邻近原子作用力的合力。易知只要金属内原子之间晶格结构不变化，当外力去除时，位移 u 也随之消失，材料表现为完全弹性。

由于晶粒受力变形过程中受外界因素影响，规则的晶格点阵排列中间也包含有各种缺陷而生成位错，这些结构上的缺陷大大降低了材料的强度。可见材料不发生塑性变形的弹性阶段，位移只能在微小领域内变化，这时原子间的位移和受力之间显然有近似的线性关系。因而，由此组集成的宏观材料的变形和受力，也必然有线性关系。

二、金属材料的屈服

金属材料受晶轴方向拉伸时，可以破坏联系金属原子间的金属键；金属材料受沿晶轴方向剪切时也可以使相邻两排原子交错结合成新的金属键，从而使晶格结构发生不可逆转的永久改变。材料由此产生的这种永久变形称为塑性变形。

由上述分析，可以用理论计算出金属材料的理论强度，但这种计算结果与实际测试结果相差1000倍（理论计算结果大于实际测试结果）。

大多数研究解释了两种差别的原因是由于实际材料晶体内部在晶格生成过程中不可避免地存在初始缺陷——晶格的畸变引起。位错是引起晶格畸变的特殊缺陷。在众多位错理论的书中特别详细地介绍了这方面的知识。在这里可以简单地认为，位错在外力作用下发生的定向移动（称为滑移），滑移的结果将使靠近晶粒表面的位错移动到晶粒间的晶界处或者试样的外表面而形成滑移线或者滑移带。如果用光线照射时，能看出明暗相间的条纹。由于拉伸试样的最大剪应力在与轴呈45°角的截面上，因而条纹首先发生在这一方向。

从分析不难看出金属晶格的滑移，是由于作用在晶面内的剪应力引起，它将使材料发生永久变形。

低碳钢在屈服过程中，其应力－应变曲线上会产生锯齿形的应力值。这一现象主要是因为低碳钢材料是多晶体材料。由许多晶粒组成的多晶体，各晶体的晶面方向是随机分布的，由于滑移首先沿45°角的截面上发生（最大剪应力作用方向），滑移发生后，对应新的晶格，金属原子间的伸长将消失，原子间的引力也随之消失，从而导致该晶粒内材料的卸载，也使整个试样发生微小的卸载。随着位移控制加载继续进行，试样载荷又呈上升，直至晶面上剪应力较大的下一个晶粒发生滑移，试样载荷又下降。各晶粒逐次轮回经历加载、滑移、卸载、再加载的过程。在屈服阶段，滑移累积所引起的试样变形要远远大于试样在弹性阶段所发生的弹性变形。该阶段试样所受的载荷，只是在晶格发生初始滑移所需要的应力的附近作微小波动，形成了一段"屈服平台"。

三、金属材料的应变强化

金属材料的塑性变形是因为晶体内部位错的定向移动造成的，但必须有一定大小的剪应力作用于晶面上，这种移动才能发生。使晶面方向产生滑移时的剪应力，这时刚好能克服晶体的滑移阻力，使滑移能够进行。随着晶格滑移的数量的积累，在各晶粒的内部，将出现多个位错连续分布或堆积于晶界处的现象。这种连续分布的位错群，称为位错的塞积。根据对原子间库仑力的作用分析，可以得出位错的塞积将增大对进一步滑移的阻力，这一结果也适于晶界处。因而，当晶粒内的位错塞积群达到一定密度时，必须加大作用于各晶面上的外力，即加大试样表面上的外力，才能克服由位错带来的滑移阻力，进而继续驱使位错群的移动，使晶体进一步累积滑移或塑性变形。可见，金属材料发生塑性变形的物理本质，就是晶格位错在外力作用下，不断产生、增殖、塞积和运动的宏观表现。

如果在强化阶段卸载，显然由晶格滑移产生的塑性变形不会消失，可以恢复的只能是对应当前晶格的原子间的位移，即弹性变形。既然都是弹性变形的卸载，这时材料的受力和变形的变化量之间当然应该服从线性关系。重复加载时，晶体内的位错群已经积累到一定程度,如果要使试样继续发生塑性变形,显然施加的外力必须能克服卸载前的滑移阻力,即达到或超过卸载前的外力值。这时对应的应力值为材料的后继屈服极限。在强化阶段卸载,显然材料的后继屈服极限高于初始的屈服极限,这种现象称为材料的冷作硬化。经过冷作硬化处理的材料或者构件,能使其承受更大的外力作用而不发生塑性变形,即扩展了材料弹性阶段的范围。这种处理方法在工程中得到了广泛的应用。

四、金属材料颈缩与断裂

材料滑移能产生很大的塑性变形,塑性变形使试样变长、变细。发生滑移的晶粒处,总能引起试样横截面的减少,从而引起横截面上的平均应力变大。滑移累积程度不明显时,应力的增大可以由晶格滑移后产生的材料强化来弥补,达到稳定的平衡。因而可以形成前面所述的各个晶粒轮换滑移的机制。当加载载荷变大时,截面越来越细,材料应变强化所增加的滑移阻力,将不足以抵消横截面变细的影响来维持平衡。滑移将在截面上继续发生,应力越发变大。显然,这时材料的塑性变形平衡将丧失稳定性。由于试样失稳现象的出现,试样的薄弱部位急剧变细,形成颈缩区。该部位的滑移和位错塞积将大大高于此前发生的累积程度。由于试样在该部位横截面骤减、应力集中影响及内部损伤的累积,细颈部的真实最大应力也将高出 R_m 很多。对于颈缩区以外的材料,其作用在横截面上的轴力低于前面已经达到的最大值,所以不会产生进一步的塑性变形。由于局部变形阶段各部分材料的应力-应变有极大的差异,这时的工程应力-应变曲线已经不能具体统一说明各处的实际应力、应变间的关系,而只有名义的意义或者统计平均的意义。

随着局部变形继续增加,金属颈缩区域内的材料滑移将累积到很高的程度，这时位错塞积及位错群密度都会很严重。由位错理论和断裂力学知，在颈缩区内部三向拉力的作用下，密集的位错群前缘会产生很大的拉应力并且集中在局部区域，从而在汇集的位错群萌生微小裂纹，然后逐渐形成扩展性宏观裂纹。如果我们从试样的断口看去，试样断口形成锯齿状的纤维圆盘状断口。由断裂力学知识可知，裂纹扩展方向是与三向拉应力作用下的圆盘裂纹面方向扩展规律相一致的。当圆盘裂纹的前缘接近颈缩处试样的外表面时，由于自由表面的影响，表面附近处于二向应力状态，根据塑性屈服判据，在裂纹前端与外表面间将发生较大塑性变形的窄条韧带，它将加大裂纹扩展阻力。在继续增大裂纹前缘的应力后，裂纹将沿其前端最大剪应力方向扩展，因而形成微观（宏观）锯齿状裂纹扩展路径，最后断口有一明显剪切唇。

附录二　误差及其表示方法

实际测定中，由于受分析方法、仪器、试剂、操作技术等限制，测定结果不可能与真实值完全一致。同一分析人员用同一方法对同一试样在相同条件下进行多次测定，测定结果也不能总是完全一致，分析结果在一定范围内波动。

由此说明：客观上误差是经常存在的，在实验过程中，必须检查误差产生的原因，采取措施，提高分析结果的准确度。同时，对分析结果准确度进行正确表达和评价。

一、误差的分类

（一）系统误差——可定误差

（1）方法误差：拟定的分析方法本身不十分完善所造成。例如，反应不能定量完成，有副反应发生，滴定终点与化学计量点不一致，干扰组分存在，等等。

（2）仪器误差：主要是仪器本身不够准确或未经校准引起的。例如量器（容量平、滴定管等）和仪表刻度不准。

（3）试剂误差：由于试剂不纯和蒸馏水中含有微量杂质所引起。

（4）操作误差：主要指在正常操作情况下，由于分析工作者掌握操作规程与控制条件不当所引起的。如滴定管读数总是偏高或偏低。

系统误差的特性：重复出现、恒定不变（一定条件下）、单向性、大小可测出并校正，故有称为可定误差。可以用对照试验、空白试验、校正仪器等办法加以校正。

（二）随机误差——不可定误差

产生原因与系统误差不同，它是由于某些偶然的因素所引起的。例如，测定时环境的温度、湿度和气压的微小波动及其性能的微小变化，等等。

随机误差的特性：有时正、有时负，有时大、有时小，难控制（方向大小不固定，似无规律）。随机误差的但在消除系统误差后，在同样条件下进行多次测定，则可发现其分布也是服从一定规律（统计学正态分布），可用统计学方法来处理。

（三）测定结果的保证

系统误差——可检定和校正。

偶然误差——可控制。

只有校正了系统误差和控制了偶然误差，测定结果才可靠。

二、准确度与精密度

（一）准确度与误差

准确度：测量值（x）与公认真值（m）之间的符合程度。它说明测定结果的可靠性，用误差值来量度。

绝对误差 = 个别测得值 − 真实值。

但绝对误差不能完全地说明测定的准确度，即它没有与被测物质的质量联系起来。如果被称量物质的质量分别为 1g 和 0.1g，称量的绝对误差同样是 0.0001g，则其含义就不同了，故分析结果的准确度常用相对误差（$RE\%$）表示：

$$RE = \frac{x - \mu}{\mu} \times 100\%$$

（$RE\%$）反映了误差在真实值中所占的比例，用来比较在各种情况下测定结果的准确度比较合理。

（二）精密度与偏差

精密度：是在受控条件下多次测定结果的相互符合程度，表达了测定结果的重复性和再现性，用偏差表示。

1. 偏差

绝对偏差：

$$d = x - \bar{x}$$

相对偏差：

$$RD\% = \frac{d}{x} \times 100\%$$

2. 平均偏差

（1）当测定为无限多次，实际上大于 30 次时：

总体平均偏差：

$$\delta = \frac{\sum |x - \mu|}{n}$$

总体——研究对象的全体（测定次数为无限次）。

样本——从总体中随机抽出的一小部分。

（2）当测定次数仅为有限次，在定量分析的实际测定中，测定次数一般较小，小于 20 次时：

平均偏差（样本）：

$$MD = \frac{\sum |x - \bar{x}|}{n}$$

相对平均偏差:

$$RMD = \frac{MD}{\bar{x}} \times 100\%$$

用平均偏差表示精密度比较简单,但不足之处是在一系列测定中,小的偏差测定总次数总是占多数,而大的偏差的测定总是占少数。因此,在数理统计中,常用标准偏差表示精密度。

3. 标准偏差

(1) 总体标准偏差。

当测定次数大量时(大于30次),测定的平均值接近真值,此时标准偏差用 s 表示:

$$\sigma = \sqrt{\frac{\sum_{i=1}^{n}(x_i - \mu)^2}{n}}$$

(2) 样本标准偏差。

在实际测定中,测定次数有限,一般 $n < 30$。此时,统计学中用样本的标准偏差 S 来衡量分析数据的分散程度:

$$S = \sqrt{\frac{\sum_{i=1}^{n}(x_i - \bar{x})^2}{n-1}}$$

式中 $(n-1)$ 为自由度,它说明在 n 次测定中,只有 $(n-1)$ 个可变偏差。引入 $(n-1)$,主要是为了校正以样本平均值代替总体平均值所引起的误差,即

$$\lim_{n \to \infty} \frac{\sum(x_i - \bar{x})^2}{n-1} \approx \frac{\sum(x_i - \mu)^2}{n}$$

样本的相对标准偏差——变异系数:

$$RSD\% = \frac{S}{\bar{x}} \times 100\%$$

样本平均值的标准偏差：

$$S_{\bar{x}} = \frac{S}{\sqrt{n}}$$

此式说明：平均值的标准偏差按测定次数的平方根成正比例减少。

4．准确度与精密度的关系

精密度高，不一定准确度高；准确度高，一定要精密度好。

精密度是保证准确度的先决条件，精密度高的分析结果才有可能获得高准确度；准确度是反映系统误差和随机误差两者的综合指标。

附录三　分析和数据的处理

一、有效数字及其运算规则

（一）有效数字的意义和位数

（1）有效数字：所有准确数字和一位可疑数字（实际能测到的数字）。

（2）有效位数及数据中的"0"：

$$
\begin{array}{ll}
1.0005 & \text{五位有效数字} \\
0.5000,\ 31.05\% & \text{四位有效数字} \\
0.0540,\ 1.86 & \text{三位有效数字} \\
0.0054,\ 0.40\% & \text{两位有效数字} \\
0.5,\ 0.002\% & \text{一位有效数字}
\end{array}
$$

（二）有效数字的表达及运算规则

（1）记录一个测定值时，只保留一位可疑数据。

（2）整理数据和运算中弃取多余数字时，采用"数字修约规则"。

四舍六入五考虑

五后非零则进一

五后皆零视奇偶

五前为奇则进一

五前为偶则舍弃

不许连续修约

（3）加减法：以小数点后位数最少的数据的位数为准，即取决于绝对误差最大的数据位数。

（4）乘除法：由有效数字位数最少者为准，即取决于相对误差最大的数据位数。

（5）对数：对数的有效数字只计小数点后的数字，即有效数字位数与真数位数一致。

（6）常数：常数的有效数字可取无限多位。

（7）第一位有效数字等于或大于 8 时，其有效数字位数可多算一位。

（8）在计算过程中，可暂时多保留一位有效数字。

（9）误差或偏差取 1～2 位有效数字即可。

二、可疑数据的取舍

（一）Q-检验法

Q-检验法 3～10 次测定适用，且只有一个可疑数据。

（1）将各数据从小到大排列：x_1，x_2，x_3，…，x_n。

（2）计算 $(x_大 - x_小)$，即 $(x_n - x_1)$。

（3）计算 $(x_可 - x_邻)$。

（4）计算舍弃商 $Q_计 = (x_可 - x_邻) / (x_n - x_1)$。

(5) 根据 n 和 $P_查$ $Q_值$ 表得 $Q_表$。

(6) 比较 $Q_表$ 与 $Q_计$。若 $Q_计 \geq Q_表$，可疑值应舍去；$Q_计 < Q_表$，可疑值应保留。

（二）G 检验法（Grubbs 法）

设有 n 各数据，从小到大为 $x_1, x_2, x_3, \cdots, x_n$；其中 x_1 或 x_n 为可疑数据：

(1) 计算 $\bar{x}$（包括可疑值 x_1、x_n 在内）、$|x_{可疑} - \bar{x}|$ 及 S。

(2) 计算 G：

$$G_计 = \frac{|x_i - \bar{x}|}{s}$$

(3) 查 $G_值$ 表得 G_n, P。

(4) 比较 $G_计$ 与 G_n, P。若 $G_计 \geq G_n$, P 舍去可疑值；$G_计 < G_n$, P 保留可疑值。

三、分析数据的显著性检验

（一）平均值（$\bar{x}$）与标准值（m）之间的显著性检验——检查方法的准确度

$$t_计 = \frac{|\bar{x} - \mu|}{s}\sqrt{n}$$

若 $t_计 \geq t_{0.95}$，说明 $\bar{x}$ 与 m 有显著性差异（方法不可靠）；$t_计 < t_{0.95}$，说明 $\bar{x}$ 与 m 无显著性差异（方法可靠）。

（二）两组平均值的比较

(1) 先用 F 检验法检验两组数据精密度 S_1（小）、S_2（大）有无显著性差异（方法之间）：

$$F_{\text{计}} = \frac{S_{\text{大}}^2}{S_{\text{小}}^2}$$

若此 $F_{\text{计}}$ 值小于表中的 $F_{0.95}$ 值，说明两组数据精密度 S_1、S_2 无显著性差异；反之则说明两组数据度 S_1、S_2 存在显著性差异。

（2）再用 t 检验法检验两组平均值之间有无显著性差异：

$$t_{\text{计}} = \frac{|\bar{x}_1 - \bar{x}_2|}{s_{(\text{小})}} \sqrt{\frac{n_1 n_2}{n_1 + n_2}}$$

查 $t_{0.95}$ $(f = n_1 + n_2)$。

若 $t_{\text{计}} \geq t_{0.95}$，说明两组平均值有显著性差异；$t_{\text{计}} < t_{0.95}$，则说明两组平均值无显著性差异。

附录四　实验曲线拟合方法

一、最小二乘法原理

在两个观测量中，往往总有一个量精度比另一个高得多，为简单起见把精度较高的观测量看作没有误差，并把这个观测量选作 x，而把所有的误差只认为是 y 的误差。设 x 和 y 的函数关系由理论公式：

$$y = f(x; c_1, c_2, \cdots, c_m)$$

式中 $c_1, c_2, \cdots, c_m$ 是 m 个要通过实验确定的参数。对于每组观测数据 (x_i, y_i) $(i=1, 2, \cdots, N)$，都对应于 xy 平面上一个点。若不存在测量误差，则这些数据点都准确落在理论曲线上。只要选取 m 组测量值代入上式，便得到方程组：

$$y_i = f(x; c_1, c_2, \cdots, c_m)$$

式中 $i=1, 2, \cdots, m$。求 m 个方程的联立解即得 m 个参数的数值。显然 $N<m$ 时，参数不能确定。

在 $N>m$ 的情况下，上式成为矛盾方程组，不能直接用解方程的方法求得 m 个参数值，只能用曲线拟合的方法来处理。设测量中不存在着系统误差，或者说已经修正，则 y 的观测值 y_i 围绕着期望值 $<f(x; c_1, c_2, \cdots, c_m)>$ 摆动，其分布为正态分布，则 y_i 的概率密度为：

$$p(y_i) = \frac{1}{\sqrt{2\pi}\sigma_i} \exp\left\{ -\frac{[y_i - f(x_i; c_1, c_2, \cdots, c_m)]^2}{2\sigma_i^2} \right\}$$

式中 σ_i 是分布的标准误差。为简便起见，下面用 C 代表 $(c_1, c_2, \cdots, c_m)$。考虑各次测量是相互独立的，故观测值 $(y_1, y_2, \cdots, c_N)$ 的似然函数

$$L = \frac{1}{(\sqrt{2\pi})^N \sigma_1 \sigma_2 \cdots \sigma_N} \exp\left\{-\frac{1}{2} \sum_{i=1}^{N} \frac{[y_i - f(x_i;C)]^2}{\sigma_i^2}\right\}$$

取似然函数 L 最大来估计参数 C，应使

$$\sum_{i=1}^{N} \frac{1}{\sigma_i^2}[y_i - f(x_i;C)]^2$$

取最小值：对于 y 的分布不限于正态分布来说，上式称为最小二乘法准则。若为正态分布的情况，则最大似然法与最小二乘法是一致的。因权重因子 $\omega_i = 1/\sigma_i^2$，故上式表明，用最小二乘法来估计参数，要求各测量值 y_i 的偏差的加权平方和为最小。根据上式的要求，应有：

$$\frac{\partial}{\partial c_k} \sum_{i=1}^{N} \frac{1}{\sigma_i^2}[y_i - f(x_i;C)]^2 \Big|_{c=\hat{c}} = 0 \quad (k = 1, 2, \cdots, m)$$

从而得到方程组

$$\sum_{i=1}^{N} \frac{1}{\sigma_i^2}[y_i - f(x_i;C)] \frac{\partial f(x;C)}{\partial C_k} \Big|_{c=\hat{c}} = 0 \quad (k = 1, 2, \cdots, m)$$

解方程组，即得 m 个参数的估计值 $\hat{c}_1, \hat{c}_2, \cdots, \hat{c}_m$，从而得到拟合的曲线方程 $f(x; \hat{c}_1, \hat{c}_2, \cdots, \hat{c}_m)$。

然而，对拟合的结果还应给予合理的评价。若 y_i 服从正态分布，可引入拟合的 x^2：

$$x^2 = \sum_{i=1}^{N} \frac{1}{\sigma_i^2}[y_i - f(x_i;C)]^2$$

把参数估计 $\hat{c} = (\hat{c}_1, \hat{c}_2, \cdots, \hat{c}_m)$ 代入上式并比较，便得到最小的 x^2 值

$$x_{\min}^2 = \sum_{i=1}^{N} \frac{1}{\sigma_i^2}[y_i - f(x_i;\hat{c})]^2$$

可以证明，$x_{\min}^2$ 服从自由度 $v = N - m$ 的 x^2 分布，由此可对拟合结果作

x^2 检验。

由 x^2 分布得知，随机变量 x_{min}^2 的期望值为 $N-m$。如果由上式计算出 x_{min}^2 接近 $N-m$（例如 $x_{min}^2 \leq N-m$），则认为拟合结果是可接受的；如果 $\sqrt{x_{min}^2} - \sqrt{N-m} > 2$，则认为拟合结果与观测值有显著的矛盾。

二、直线的最小二乘拟合

曲线拟合中最基本和最常用的是直线拟合。设 x 和 y 之间的函数关系为直线方程

$$y = a_0 + a_1 x$$

式中有两个待定参数，a_0 代表截距，a_1 代表斜率。对于等精度测量所得到的 N 组数据 (x_i, y_i)（$i = 1, 2, \cdots, N$），x_i 值被认为是准确的，所有的误差只联系着 y_i。下面利用最小二乘法把观测数据拟合为直线。

（一）直线参数的估计

前面指出，用最小二乘法估计参数时，要求观测值 y_i 的偏差的加权平方和为最小。对于等精度观测值的直线拟合来说，可使

$$\sum_{i=1}^{N} [y_i - (a_0 + a_1 x_i)]^2 \Big|_{a = \dot{a}}$$

最小即对参数 a（代表 a_0，a_1）最佳估计，要求观测值 y_i 的偏差的平方和为最小。根据上式的要求，应有：

$$\frac{\partial}{\partial a_0} \sum_{i=1}^{N} [y_i - (a_0 + a_1 x_i)]^2 \Big|_{a = \dot{a}} = -2 \sum_{i=1}^{N} (y_i - \dot{a}_0 - \dot{a}_1 x_i) = 0$$

$$\frac{\partial}{\partial a_1} \sum_{i=1}^{N} [y_i - (a_0 + a_1 x_i)]^2 \Big|_{a = \dot{a}} = -2 \sum_{i=1}^{N} (y_i - \dot{a}_0 - \dot{a}_1 x_i) = 0$$

整理后得到正规方程组

$$\begin{cases} \hat{a}_0 N + \hat{a}_1 \sum x_i = \sum y_i \\ \hat{a}_0 \sum x_i + \hat{a}_1 \sum x_i^2 = \sum x_i y_i \end{cases}$$

解正规方程组便可求得直线参数 a_0 和 a_1 的最佳估计值 $\hat{a}_0$ 和 $\hat{a}_1$。即

$$\hat{a}_0 = \frac{\sum x_i^2 \cdot \sum y_i - \sum x_i \cdot \sum x_i y_i}{N \sum x_i^2 - (\sum x_i)^2}$$

$$\hat{a}_1 = \frac{N \sum x_i y_i - \sum x_i \cdot \sum y_i}{N \sum x_i^2 - (\sum x_i)^2}$$

（二）拟合结果的偏差

由于直线参数的估计值 $\hat{a}_0$ 和 $\hat{a}_1$ 是根据有误差的观测数据点计算出来的，它们不可避免地存在着偏差。同时，各个观测数据点不是都准确地落地拟合线上面的，观测值 y_i 与对应于拟合直线上的 $\hat{y}_i$ 这之间也就有偏差。

首先讨论测量值 y_i 的标准差 S。考虑因等精度测量值 y_i 所有的 σ_i 都相同，可用 y_i 的标准偏差 S 来估计，故该式在等精度测量值的直线拟合中应表示为：

$$x_{\min}^2 = \frac{1}{S^2} \sum_{i=1}^{N} [y_i - (\hat{a}_0 + \hat{a}_1 x)]^2$$

已知测量值服从正态分布时，$x_{\min}^2$ 服从自由度 $v = N - 2$ 的 x^2 分布，其期望值：

$$[x_{\min}^2] = \frac{1}{S^2} \sum_{i=1}^{N} [y_i - (\hat{a}_0 + \hat{a}_1 x_i)]^2 = N - 2$$

由此可得 y_i 的标准偏差

$$S = \sqrt{\frac{1}{N-2} \sum_{i=1}^{N} [y_i - (\hat{a}_0 + \hat{a}_1 x_i)]^2}$$

这个表示式不难理解，它与贝塞尔公式是一致的，只不过这里计算 S

时受到两参数 $\hat{a}_0$ 和 $\hat{a}_1$ 估计式的约束，故自由度变为 $N-2$ 罢了。

上式所表示的 S 值又称为拟合直线的标准偏差，它是检验拟合结果是否有效的重要标志。如果 xy 平面上作两条与拟合直线平行的直线：

$$y' = \hat{a}_0 + \hat{a}_1 x - S$$

$$y'' = \hat{a}_0 + \hat{a}_1 x + S$$

下面讨论拟合参数偏差，由上式可见，直线拟合的两个参数估计值 $\hat{a}_0$ 和 $\hat{a}_1$ 是 y_i 的函数。因为假定 x_i 是精确的，所有测量误差只与 y_i 有关，故两个估计参数的标准偏差可利用不确定度传递公式求得，即

$$S_{a_0} = \sqrt{\sum_{i=1}^{N}\left(\frac{\partial \hat{a}_0}{\partial y_i} S\right)^2}$$

$$S_{a_1} = \sqrt{\sum_{i=1}^{N}\left(\frac{\partial \hat{a}_1}{\partial y_i} S\right)^2}$$

将参数估计值计算式分别代入上面两式，便可计算得：

$$S_{a_0} = S\sqrt{\frac{\sum x_i^2}{N\sum x_i^2 - (\sum x_i)^2}}$$

$$S_{a_1} = S\sqrt{\frac{N}{N\sum x_i^2 - (\sum x_i)^2}}$$

三、相关系数及其显著性检验

当我们把观测数据点 (x_i, y_i) 作直线拟合时，还不大了解 x 与 y 之间线性关系的密切程度。为此要用相关系数 $\rho(x, y)$ 来判断，如改用 r 表示相关系数，得

$$r = \frac{\sum_i (x_i - \bar{x})(y_i - \bar{y})}{\left[\sum_i (x_i - \bar{x})^2 \cdot \sum_i (x_i - \bar{y})^2\right]^{1/2}}$$

式中 $\bar{x}$ 和 $\bar{y}$ 分别为 x 和 y 的算术平均值。r 值范围介于 -1 与 $+1$ 之间，即 $-1 \leqslant r \leqslant 1$。当 $r>0$ 时直线的斜率为正，称正相关；当 $r<0$ 时直线的斜率为负，称负相关。当 $|r|=1$ 时，全部数据点 (x_i, y_i) 都落在拟合直线上。若 $r=0$ 则 x 与 y 之间完全不相关。r 值愈接近 ± 1 则它们之间的线性关系愈密切。

参考文献

[1] 詹胜，穆翠玲．工程材料力学试验［M］．广州：广东科技出版社，2005．

[2] 张如一，陆耀桢，等．实验应力分析［M］．北京：机械工业出版社，1981．

[3] 刘鸿文．材料力学（I）［M］.5 版．北京：高等教育出版社，2010．

[4] 刘鸿文，吕荣坤．材料力学实验［M］.3 版．北京：高等教育出版社，2006．

[5] 陈巨兵，林卓英，等．工程力学实验教程［M］．上海：上海交通大学出版社，2007．